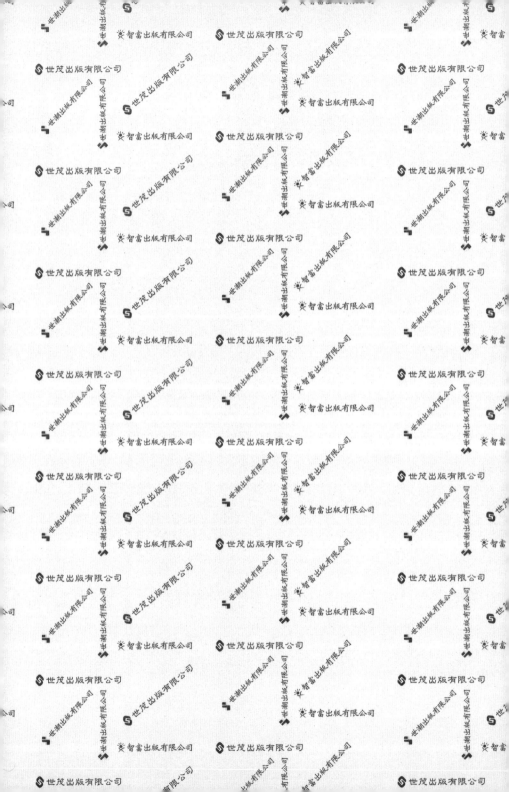

AI必修課

日本情感研究權威的人工智慧秒懂攻略

坂本真樹先生が教える
人工知能がほぼほぼわかる本

日本人工智慧情感研究權威
坂本真樹 著 ｜ 陳朕疆 譯

　　近幾年來，市面上出現了許多與人工智慧相關的書籍，銷量都不錯，使人工智慧相關的知識似乎早已普及於我們的世界。這時候才要寫一本人工智慧的書會不會稍嫌太遲呢？因此，我並沒有很積極地想要寫一本給大眾閱讀人工智慧相關書籍。就在此時，曾因其他企劃案而請我寫過書的歐姆社向我提案，「既然坂本老師是日本人工智慧學會的學會期刊編輯委員，要不要試著寫一本講人工智慧，且有著坂本老師風格的書呢？」我不太會拒絕別人的請求（當然，如果是現實上不可做到的事我還是會拒絕），反而常把這想成是上天賜給我的機會，便心懷感激地接下了這個工作。

　　接受委託寫出「有我的風格人工智慧相關書籍」，我一開始先翻出2014年度日本人工智慧學會論文獎的兩篇論文：《判斷不同擬聲詞造成人們印象中各種細微差異的系統》（人工智慧學會期刊29卷1號）與《符合使用者感性印象的擬聲詞系統之創造》（人工智慧學會期刊30卷1號），想以這兩篇論文為基礎試著寫寫看。但我發現這樣寫出來文字太過艱深，故試著調整，從原來的專業書風格，改為入門書風格。

　　由於從前我讀的都是人工智慧的專業書籍，藉著這次機會，我開始尋找一些市面上的入門書籍，並試著閱讀這些書。經過搜尋，我產生了一種感覺：「這些原本應該要寫得簡單易懂的入門書，對一般人來說，想必還是很難看得懂吧」。事實上，一般人對AI人工智慧本來就有著「很困難」的印象，大概很少有人會想去弄懂人工智慧是怎麼回事。因此，我便抱著想要寫出有趣內容的想法，寫出了這本書。

本書的目標，是讓完全不懂人工智慧的人，也能夠輕鬆讀懂本書的內容。譬如說要開始思考未來方向的高中生、大學念文組科系卻對人工智慧有點興趣的人、大學是理工科系且準備要朝資訊工程方面發展的人、無法無視人工智慧存在的企業員工和主管、在人工智慧應用擴大趨勢下為孩子未來前途擔心的家長、想要繼續打拼永不退休的人，是一本無論男女老少都可以閱讀的書。

雖然我的目標是要寫出一本可以輕鬆閱讀人工智慧的書籍，但在提到深度學習時，還是不免會提到技術相關的話題，因此本書第三章可能較有難度。不過就算是入門書，關於深度學習部分的內容都會顯得特別難。我抱著這樣的擔憂，並將寫完的原稿交給日本歐姆社，沒想到加上了簡單易懂的插畫，卻搖身一變成為輕鬆有趣的內容，真的是非常感謝所有編輯與插畫家。

進入校稿階段時，我邀請當年度以深度學習為題，完成畢業論文的川嶋卓也同學試閱，請他指出是否哪個部分不易懂，或者哪裡有問題。剛寫完畢業論文之際，畢業生通常只想儘快進入人生下個階段。在這樣的心情下，川嶋卓也同學仍願意仔細閱讀，協助校稿，實在相當感謝。

最後，在許多人的幫助之下，這本書才得以完成。在此要感謝推動這項短期企劃的各位歐姆社書籍編輯部人員，以及為這本書繪製精美插畫的Office sawa澤田小姐。

我期望能透過本書，讓更多人能夠理解人工智慧。

坂本真樹

第一章　人工智慧是什麼？

第二章 人工智慧擅長與不擅長處理的事

第三章 人工智慧如何從資訊中學習？

第四章　人工智慧的應用

研究室） ●醫療上的應用（黑色素瘤的判別） ●醫療上的應用（癌症診斷） ●提升診斷精確度

●自動化達成的程度？ ●為實現自動駕駛必須做到哪些事？ ●訓練自動駕駛的步驟 ●如何判斷位置與狀況 ●發生交通事故時，如何釐清事故原因？

●如何讓電腦與人對話？ ●「有知識的」對話 AI ●「沒有知識的」對話 AI ●編寫對話的三種技術 ●如何使機器進行自然對話？

●傳遞人類感受的擬聲詞 ●擬聲詞生成系統 ●擬聲詞的生成步驟 ●執行最適化過程 ●擬聲詞生成系統的內部機制 ●擬聲詞的生成

● AI 在藝術方面的挑戰～小說篇～ ● AI 小說計畫 ● AI 在藝術方面的挑戰～繪畫篇～ ● AI 在藝術方面的挑戰～作曲篇～

第一章

人工智慧是什麼？

在第一章中，我們會簡單介紹許多與人工智慧（AI）相關的故事。我們將試著從人工智慧的歷史、機器人與人工智慧的關係、人工智慧的等級等各種面向探討，人工智慧究竟是什麼？人工智慧對於我們的未來又會有什麼影響？讓我們一起來想想看吧～！

人工智慧何時誕生？

① 大家好，我是坂本真樹。

我在日本大學研究的是人工智慧，也就是所謂的 AI！

AI

② 目前熱門話題人工智慧，是一門有趣的學問。

許多學生與社會人士都在這個領域中不斷的學習與研究。

③ 今天好像會有新學生來⋯

來了——

④ 沒想到居然是機器人學生

你好

 咦～？呃⋯你該不會⋯是一個機器人吧？

初次見面，坂本真樹老師。聽說老師可以用不論男女老少都聽得懂的方式，教大家什麼是「人工智慧」，所以我就來拜師了。雖然我是一個非——常優秀的高性能機器人，可惜，我卻不曉得自己是怎麼被製造出來的。

 哇⋯說話如此流利，真的是很厲害的機器人呢！讓我非常吃驚。如果是要來學習，不管是誰都很歡迎喔！那麼，首先簡單介紹什麼是人工智慧（AI），聊聊人工智慧的歷史吧。

人的智慧？人工智慧？

當有人問我「在研究些甚麼呢？」此時我會回答「人工智慧」，接著大約會得到這樣的回應「是喔，似乎很厲害呢。那人工智慧又是什麼？」

雖然媒體上幾乎天天都會提到「**AI**」和「**人工智慧**」等名詞，但不知為何，人工智慧總給人一種很深奧的感覺。

「人工智慧」顧名思義，就是由**人類所製造的智慧**，然而聽完這樣的解釋，還是會想再問「人類所製造的智慧是什麼？或者更深入一點，智慧又是什麼？」

會有這樣的疑問無可厚非。

即使在集合了許多人工智慧研究者的日本人工智慧學會，其中每個會員所研究的主題、研究的目標都因人而異，故實在很難一言以蔽之。

智慧是什麼？我們要如何以人工方式製造智慧？要回答這個問題，就必須從**人與人造物的差異在哪裡？人的智慧又是什麼？**這些哲學問題開始討論。

因為我原本對人的智慧來源很感興趣，也做過相關研究，故常會試著思考「如果可以用人工方式製造智慧，是否能讓我們更加了解人的智慧是什麼？」、「歸根究底，為什麼我們會知道自己以外的人和自己一樣是人呢？」這類問題。

然而，對以人工智慧為研究主題的人們來說，目標並不在於探究人類的智慧來源，而是在於**以人工方式（工程技術）製造出類似人類智慧的作品。**

呆

人的智慧
究竟
是什麼…

哪一邊是人呢？圖靈測試

和自己對話的對象是人嗎？還是人工智慧呢？

英國數學家**艾倫‧圖靈**（Alan Turing；1912-1954）定義了一種方法，來判斷人工智慧的完成程度，這種方法又稱作「**圖靈測試**」。

在圖靈測試中，作為審查員的人類會與搭載人工智慧的電腦對話五分鐘，或透過電腦與另一個人對話五分鐘，接著判斷對方是人類還是人工智慧。

圖靈測試的方式

只要能讓三成以上的審查員將人工智慧誤以為是人類，就算通過圖靈測試。但由於電腦很難做到和人類接近的對話，故有很長一段時間都沒有任何人工智慧能通過圖靈測試。

直到 2014 年 6 月，俄羅斯開發人工智慧「**尤金‧古斯特曼**」通過了圖靈測試，當時在媒體上造成了很大的轟動。

　　不過有人說，尤金之所以能通過圖靈測試，並不是因為尤金在對話中表現出不遜於人類的豐富情感，而是因為進行這項測試時，尤金被設定成 13 歲的少年。因此，尤金是否通過測試，目前仍有爭議。

　　故另外有人認為，若要建立適當的標準來進行圖靈測試，提問方必須下點工夫。

> 圖靈測試又叫做「Imitation Game」，這個名字是一部描繪圖靈一生的自傳電影名稱（模仿遊戲）。Imitation 即為模仿。

　　2016 年 6 月於日本上映的電影《**人造意識**》，有一位網路搜尋引擎工程師接受 CEO 的招待，來到豪宅協助測試人工智慧的完成度，CEO 要他做的就是圖靈測試。這部片便是以圖靈測試為主軸展開劇情的心理劇，讓觀眾進一步思考**人工智慧是否可能具有意識與感情？具有人工智慧的身體如何與周圍環境互動**？等問題。

　　除了這部電影以外，在《魔鬼終結者》、《雲端情人》、《全面進化》等描寫人工智慧的電影中，大多會提到人工智慧如何威脅人類的生活，而不是描寫人類因為人工智慧而變得更幸福。或許因此讓人覺得**人工智慧是個恐怖的東西**。

　　但事實上，目前還沒做出公認通過圖靈測試的人工智慧。

有很多以人工智慧為題材的電影喔

哇

看起來有點孤單的人工智慧？

　　目前人工智慧仍不能完全理解人類語言的意義，或者說，交談時**無法正確理解對方說話的意義**。研究團隊針對東京大學入學考試所開發的人工智慧「東 Robo 君」，然而在 2016 年面對需要理解語言意義的國文科一直拿不到高分，最後放棄通過東大入學考試的目標。

　　除此之外，想要**像人類一樣具有感情、具有「同理心」**也被公認是一件**相當困難**的事。想必要讓人工智慧具有意識，也會是件很困難的事吧。人工智慧畢竟是機器（與機器人還是有所不同，我們將在 P.17 中說明），沒有活在這個世界上的願望、慾望，也沒有作為判斷標準的價值觀，更沒有許多不同的性格，自然也不會自行設定自己的目標。

　　不過，我們可以做出**讓人覺得好像具有這些特徵的人工智慧**。人類在互相接觸時，會先入為主判斷對方是一具機器，還是一個具有自我意識的主體。人類是社會性的動物，主動與其他人建立關係是人類的本能。故當我們看到與自己有相似之處的對象，就會**自動認為對方也具有像人一樣的感情、心理、意識等**。

　　以開發人型機器人聞名的大阪大學石黑浩老師，在他的研究室曾做過一項實驗，讓實驗者對著櫥窗中不會說話的機器人 Android★揮手，以使機器人轉往實驗者的方向看。這只是一個基本動作，卻讓實驗者覺得人型機器人「**看起來有點孤單**」。實驗者會這樣解讀，就是因為人們容易自動認為機器人具有感情。

電影「人造意識」中，有一景是主角以為人工智慧喜歡上自己。

人類和人工智慧的差異

人類和人工智慧有一個很大的差異，那就是肉體的有無。

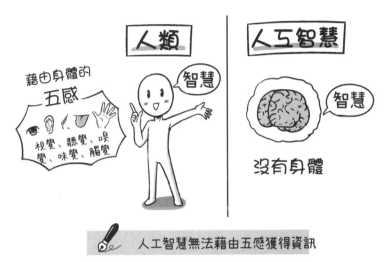

 人工智慧無法藉由五感獲得資訊

人類可透過身體獲得外界的資訊。透過感覺器官，我們可以感覺到聲音、外觀、觸感、氣味、味道等，讓我們覺得舒服或覺得討厭，進而衍生感情。

不過人工智慧並沒有人類的身體，因此無法像人類一樣透過肉體來累積感覺的經驗，也無法藉此獲得知識。

人工智慧必須依賴人類，將人類透過身體所獲得的外界資訊，**以某種形式「輸入」至人工智慧**，才能獲得相關資訊。而輸入的方式我們將在第二章與第三章中討論。

人類與人工智慧有一個很大的差異，那就是「肉體的有無」。除此之外，兩者的「思考」方式也有很大的不同。

說到「思考」，可能會讓你覺得和計算有點像，應該是人工智慧的專長。但事實上，**要像人類一樣思考其實是一件相當困難的事。**

人工智慧需以各種輸入類似案例為基礎，藉由這些案例了解狀況，並以既定的邏輯，判斷做法。因此，要是輸入的案例太少，就無法做出判斷。與此相較，人類即使遇到過去未曾遭遇的狀況，也可以將過去相關案例中學習到的知識，轉而應用在當下的狀況，具有彈性的方式面對各種狀況。

另外，人類有辦法自行定義需待解決的問題，但人工智慧只能處理定義完成的問題。不過，某些對人們來說很難解決的問題，人工智慧卻能夠迅速解決。

我們將在第四章中提到，目前具有一定知識的人工智慧，可以用什麼樣的方式來解決什麼樣的問題。**明白人工智慧的擅長之處與不擅長之處，是未來社會中的我們能否能幸福生活的關鍵。**

與電腦性能一起發展

在 P.4 中，我們提到了被譽為計算機科學之父的英國數學家艾倫·圖靈以及圖靈測試。事實上，**人工智慧的相關研究，正是與電腦一起發展、共同邁進。**

這幾年人工智慧研究進步如此突飛猛進的原因，很大一部分在於電腦硬體的運作速度愈來愈快。

根據「**摩爾定律**」，每過兩年，硬體速度會變成原來的兩倍；而過二十年後，硬體速度就會變成原來的一千倍。但是再怎麼厲害的人，過了二十年，思考速度也不可能變成一千倍吧。

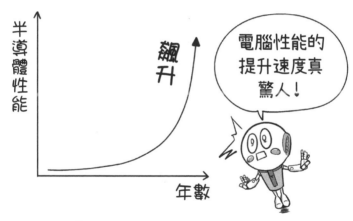

 摩爾定律示意圖。真是一日千里！

 人工智慧的發展雖然是與電腦一起邁進，但人工智慧的發展道路並不平坦。有時掀起熱潮，有時進入寒冬。接下來就讓我們來看看這段波瀾萬丈的人工智慧歷史吧。

AI 的歷史＜達特茅斯會議＞

　　雖然我們說，人工智慧是伴隨著電腦發展的，然而**「人工智慧」一詞究竟是什麼時候誕生的呢**？

　　人工智慧（Artificial Intelligence）這個名詞是在 1956 年夏天，於美國東部達特茅斯所舉行的會議中初次登場。對於人工智慧研究者來說，這是一個傳說級的會議。在這場**達特茅斯會議**中，人們將像人一樣會思考的電腦稱作「人工智慧」，於是「人工智慧」一詞終於定案。

　　在這之前，其實已有可稱為人工智慧的研究出現。1946 年，公認的世界第一部電腦 ENIAC 誕生，這是一部使用了 17,000 個真空管的巨大計算機。那時人們已經相信，**總有一天電腦可能會超越人類**。達特茅斯會議將所有以此為目標的研究者聚集在一起，目的正在於此。

　　這場會議中有許多著名研究人員參加，包括約翰・麥卡錫（John McCarthy；1927-2011）、馬文・閔斯基（Marvin Minsky；1927-2016）、艾倫・紐厄爾（Allen Newell；1927-1992）、司馬賀（Herbert Simon；1916-2000）。許多研究者當時發表了最新的研究結果。2016 年去世的**閔斯基**，便曾在 1951 年，利用以硬體實現的類神經網路，製作機器學習裝置，是**世界上第一個可進行自我學習的人工智慧**。

達特茅斯會議從七月持續到八月，是一場為期一個月以上的會議。在這場會議中聚集了相當多的研究人員，大家一起度過整個暑假。想必是場高潮迭起、討論相當熱烈的會議。

AI 的歷史＜第一次 AI 熱潮＞

經過達特茅斯會議，到了 1950 年代後期至 1960 年代，流行的是**用電腦進行推論或演算法**，以解決**特定問題**的研究。

以走迷宮為例，目標是要從迷宮起點走到終點。人類走迷宮，碰到死路時會稍微後退尋找其他路徑，一步步朝終點邁進。

相對的，讓電腦來走迷宮，不會真的沿道路前進。而是從起點開始**進行分類**，分成往 A 走的情況，往 B 走的情況等。接著將往 A 走會碰到的情況，以及往 B 走的情況，進行分類。

在不斷的分類下，最後便能找到終點。這就是人工智慧所使用的方法。

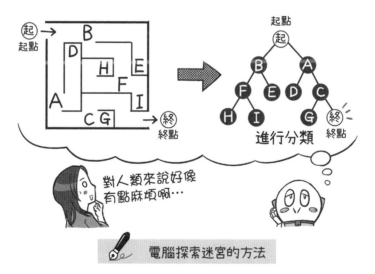

電腦探索迷宮的方法

近年來因為電腦的優異表現而廣受媒體矚目的**西洋棋、將棋、圍棋等棋類競賽**，用的都是這種**演算法**。

西洋棋、將棋、圍棋等棋類競賽與迷宮不同，在探索時必須考慮**對手會用何種方式回應棋步**，使得排列組合數字大量增加，因此拉高了處理難度。舉例來說，將棋的可能走法有 10 的 220 次方，而圍棋更是有 10 的 360 次方，簡直是天文數字。

乍看之下，用演算法處理這類問題似乎很麻煩，但隨著電腦處理速度的提升，使電腦在這些棋類競賽中的成績愈來愈好。且隨著各種**機器學習**方法的問世，電腦展現出壓倒性的優勢。關於機器學習將在本書第三章中解說。

1960 年代，人們熱衷於**以演算法解決棋類競賽的問題**，造成**第一次 AI 熱潮**。然而對於疾病治療，以及其他亟待解決的現實社會問題，人工智慧卻毫無幫助。再加上備受產業界期待的機器翻譯，發展不順，美國政府認為無望，於是切斷了研究資金的提供，成為最後一根稻草，直接導致第一次 AI 熱潮結束，使得 1970 年代成為人工智慧的**寒冬**。

哎呀～明明在棋類競賽中取得優異的成績，卻因為在現實中派不上用場，而進入了寒冬時代，實在太讓人遺憾。第一次 AI 熱潮結束，之後該怎麼辦呢…

 呵呵呵，不用擔心。在這之後，人工智慧還會再掀起熱潮喔。第二次 AI 熱潮的引發，就是在現實中可以運用的系統。究竟是應用在哪些方面？是不是很想知道呢？

AI 的歷史＜第二次 AI 熱潮＞

第一次 AI 熱潮人工智慧，其能力的強弱主要依賴電腦的計算能力。然而，電腦有辦法累積相當龐大的知識，這對人類來說是不可能辦到的事。**運用電腦的儲存功能，將「知識」存入電腦讓它變聰明**，這就是**第二次 AI 熱潮**中研究人員所做的事。

「專家系統」是指在特定領域中所具有的龐大知識，在該領域中稱得上是人工智慧專家。1970 年代初期，史丹佛大學所開發的 MYCIN 就是一個著名的例子。

在第一次 AI 熱潮中，人工智慧無法為疾病治療作出貢獻，使相關研究進入寒冬。不過 MYCIN 卻能夠將過去所有病人診斷為細菌感染的症狀與其他狀況（條件）等知識，記錄在資料庫。當有新的患者出現時，輸入患者症狀與其他狀況，就能夠推測患者感染某種細菌的機率，如「這種症狀的病人有 69% 機率感染△△細菌」等。

然而，要讓電腦具有這些知識，需要採納許多專家的相關知識，並進行許多調查研究，以累積資料，耗費相當多的時間與費用。

為了讓這項技術實用化，需要蒐集許多領域的資料，其中包括「覺得胃怪怪的」這種**曖昧不明的症狀描述**。但是，想要將這些全部記憶下來，實在不是件容易的事。

順帶一提，本人很擅長將「覺得胃怪怪的」這種曖昧直覺的描述加以量化，但從前的科技還不成熟，所以無法做出貢獻。

該以什麼方式描述知識，才能讓電腦比較容易處理呢？當時，這種知識表現形式的研究相當盛行（本書後半將會解說人工智慧會如何理解意義，到時我們會再進一步討論）。

這時，有某些計畫**想將所有人類具有的知識全部輸入電腦**。其中比較有名的是 1984 年美國新創公司所發起的 CYC 計畫。但世界的知識實在太龐大了。這個計畫到現在仍在進行中，即使過了 30 年，記錄資料的工作仍未結束。

此外，人工智慧面臨不知該如何理解文字意義及與其相關的問題（我們將在第三章與第四章中詳細說明）。於是，必須以人工一條條輸入知識，才能建構人工智慧的第二次 AI 熱潮，因而逐漸消退。到了 1995 年左右，人工智慧又再度進入**寒冬**。

哎呀～。要將龐大的知識輸入電腦太困難，第二次 AI 熱潮就這樣不了了之。接下來該怎麼辦呢？

呵呵，放心吧。其實啊，AI 熱潮後來再度降臨囉。除了輸入龐大知識這件事變簡單，電腦也開始會自我學習。現在，人工智慧正以過去不曾有過的速度發展，正是個可以讓我們感受到更多電腦可能性的時代！

現在進行式〈第三次 AI 熱潮〉！

　　隨著第二次 AI 熱潮結束，人工智慧寒冬又再度到來。不過到了 1990 年代中期，搜尋引擎誕生，網路爆炸的普及至每一個角落。到了 2000 年代，隨著網站數量的增加，人類得以取得大量資料，使得**輸入知識至電腦變得容易許多**。

　　而在電腦**能夠自主學習**之後，便進入了現在的**第三次 AI 熱潮**。從人工智慧誕生到現在的歷史，可以整理成下圖。

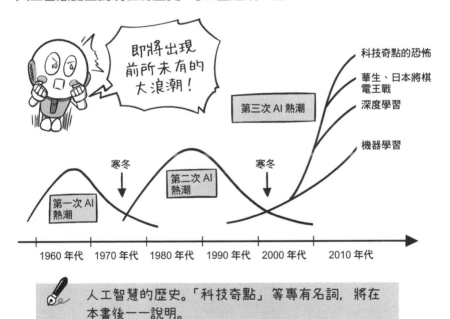

　　人工智慧的歷史。「科技奇點」等專有名詞，將在本書後一一說明。

出處：日文書籍，松尾豐《人工智慧會超越人類嗎──Deep Learning 之後的發展》
　　　P.61，KADOKAWA／中經出版（2015）

　　當我在日本電視節目中介紹這張圖時，常會有人提出疑問：「**第三次 AI 熱潮是否會跟著很快結束呢？**」先不管人工智慧會不會造成人類毀滅這種科幻小說的情節，至少我們可以確定，未來的社會中，人工智慧將是不可或缺的技術。

這就是人工智慧？

①話說，雖然這個研究室是在研究人工智慧，但除了我以外好像沒有其他機器人耶。

②啊，這是很常見的誤會呢。

「人工智慧研究」不等於「機器人研究」喔！

唔

③原來如此…我以為可以和機器人同伴一起聊天，

太可惜了…

孤單寂寞覺得冷…？

④這架冷氣機有搭載 AI 喔！

你看你看是同伴！

空調又不會講話…

原本看機器人君好像很孤單的樣子，才想把空調介紹給他認識～不過，雖然同樣都是「人工智慧」，你和空調會做的事完全不同啊。事實上，人工智慧可以依「做得到哪些事」分成許多等級喔。

哦～真是耐人尋味。我原本以為「人工智慧研究」就是「機器人研究」，看來並不是這麼回事呢。難怪在這裡看不到其他機器人。

提到機器人，一般人或許會想到某部有名動畫中的貓型機器人吧。不過，包括產業用機器人在內，機器人有許多不同的種類喔。接著我們就來談談關於「機器人」一詞的定義吧！

人工智慧和機器人的差異

在前一節，我們把人工智慧的歷史看了一遍。

雖然人工智慧很久以前就有，但仍有很多人誤會人工智慧的定義。包括媒體相關人士在內，我曾與許多人討論過什麼是人工智慧，其中最大的誤解就是，**人工智慧研究＝機器人研究**。

從很久以前開始，動畫中經常出現理想中的人工智慧。他們所具有的智慧，讓他們可以進行和人完全相同的對話、思考、行動，而且還具有像人類一樣的身體。

請看下圖。三宅陽一郎先生與我一同負責日本人工智慧學會 2017 年 1 月號學會期刊，2010 年我們整理了「動畫中出現的人工智慧系譜」，一目瞭然各作品中的人工智慧。

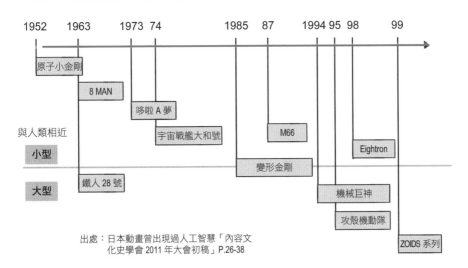

出處：日本動畫曾出現過人工智慧「內容文化史學會 2011 年大會初稿」P.26-38

嗯，像鋼彈中的角色「Haro」也是個具有小小球型身體的人工智慧吧！其實我很喜歡看動畫喔。

原子小金剛（原子小金剛 1952 年～）、鐵人 28 號（鐵人 28 號 1963 年～）、哆啦 A 夢（哆啦 A 夢 1973 年～）、Analyzer（宇宙戰艦大和號 1974 年～）、Haro（鋼彈 1979 年～）、攻殼車（攻殼機動隊 1995 年～）等機器人，外型可能是人型、貓型或其他各種型式。無論如何，它們都有自己的身體。

當然，**人類的智慧與身體無法分離**，也因此**許多人不太能想像智慧與身體分離會是什麼樣子。**

然而，**人工智慧研究不等於機器人的研究**。人工智慧研究與機器人研究的關係如下圖所示。

人工智慧研究專注於
製作出相當於
大腦的部分

機器人研究專注於
製作出相當於
身體的部分

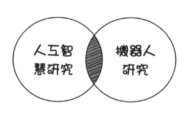

人工智慧研究　機器人研究

以圖表示就是
這種感覺！

 「人工智慧研究」與「機器人研究」雖然不同，但有共通部分。

機器人研究？
人工智慧研究？

參考日本經濟產業省的定義，想要用一句話來說明機器人研究，那就是「**具有感應系統、控制系統、驅動系統三大技術要素的機械**」。

「感應系統」指的是能感受聲音、光線、溫度等物理狀態之變化的感應器；「控制系統」指的是能夠操作機械與裝置的系統；「驅動系統」則是能傳導動力使之活動的系統。

「**產業機器人**」就是在現實社會中實用化的例子。

工業製造領域中有焊接機器人、組裝機器人；醫療領域中有手術支援機器人與醫院內搬運機器人；照護領域中有輪椅輔助機器人與移動輔助機器人；土木、基建、防災領域中有基礎建設檢查機器人與災害防治機器人；農業領域中有無人插秧機與無人除草機；食品領域中有裝箱機器人、雞腿脫骨機器人。機器人的應用領域相當廣泛。

機器人的相關研究以感應系統與驅動系統的研究為主。而控制系統的研究，則較接近於人工智慧研究。機器人的控制系統可分為在機器人內部的情形，以及在機器人外部並以無線方式控制的情形。若**控制系統在機器人內部**，那麼研究這樣的控制系統就像是在**研究機器人的智慧來源**一樣。

機器人競賽中，大多是由操縱者以無線方式操作機器人，用最快的速度確實跨越障礙物，一步步邁向終點。而非以機器人本身的智慧進行競賽（當然，也有某些競賽是在比機器人的智慧）。

機器手臂的運動是由機器人自己控制，還是由人類在外界控制？兩者所使用到的人工智慧完全等級不同喔！至於我，當然全都是自己控制，完全不需要外界操作！

人型機器人的研究，著重在使機器人的身體各部位盡可能與人類相似，屬於機器人研究，卻不屬於人工智慧研究。但如果是要讓機器人具有**對話能力**，也就是讓機器人體內具有一定智能，便屬於人工智慧研究了。

若把人工智慧研究說成是在研究「機器人的腦」，卻也並不完全正確。

近年來，誕生了許多在西洋棋、將棋、圍棋上勝過人類的人工智慧。在進行抽象的棋類競賽時，這些人工智慧並**不需要像機器人一樣的實際身體，因為它們可以作為一個電腦軟體單獨存在**。也有些人工智慧會將醫生的診斷結果以及專家的意見放到網路上搜尋，再將搜尋結果整理出來給使用者。

因此，**人工智慧可以只是電腦裡的一個程式，不需要有實體**。機器人可以搭載人工智慧，人工智慧卻不一定需要機器人的身體。

> 不管是以通過東大考試為目標的東 Robo 君，還是在西洋棋、將棋、圍棋上相當活躍的各種人工智慧，它們的本體都只有電腦軟體而已喔。因為這些都是比智力的戰場，不會用到手臂的關係吧。

或許你會想，這和**過去以來一直存在的電腦有什麼不同？**事實上，就像我們在 P.9 中所提到的，人工智慧的發展是與電腦齊步向前邁進的。

人工智慧是否需要身體？

原則上來說，雖然人工智慧並不需要實際的身體，但有部分專家認為，**如果真的要讓人工智慧表現出像人一樣的智慧，實際的身體（身體性）仍是必要的**。

目前所研發出來的人工智慧都不需要身體，但考慮到人工智慧的未來，不能只將人工智慧看成是單純的機械計算工具，而應該要試著思考**智慧與身體之間的關係**。

想要開發具有智慧之機器人的研究者，皆是以打造出有身體人工智慧為前提而進行研究的。他們常說「若想製作出無法被識別是人或人造物的人工智慧，絕對要連著身體一起開發。因此以開發機器人為前提去實現人工智慧，不是比較容易嗎？」

另外，有些人工生命的研究者則認為「如果人類的知性是來自於由身體所引發的感情，那麼若要實現人類的智能，就一定需要身體，不是嗎？」

而就我的意見而言，既然名稱是「人工智慧」，代表它與生物的智能有一定的差異。然而我們不應將它視為單純的工具，我認為『**如果我們想製造出在現實社會中與我們共存共榮的人工智慧，就必須要賦予人工智慧身體，讓它能夠與環境產生交互作用**』。

由於我有時會從科學的觀點研究五感或感性，有時則會從工科的觀點來研究。因此，我對於「**人們透過五感所感覺到的資訊，該怎麼樣在人工智慧上實現**」這樣的問題相當感興趣。

前面也有提到，如果是用在將棋或圍棋這種棋類競賽人工智慧，可以作為一個電腦軟體單獨存在，不需要身體等東西。但若要將人與人之間對局時的感覺，像是將棋子放在棋盤上時發出的**聲音**，以及此時**從手上傳來的觸感**等輸入至人工智慧，讓人工智慧在下棋時可以具有人類的感性，身體就是不可或缺的媒介了。

本書將在接下來的第二章中，探討**人工智慧要如何處理這些資訊**。在有關人工智慧的書籍中，想必很少有書會討論到這個部分吧。

那麼就讓我們在這裡稍微預習一下第二章吧。

感應系統是人工智慧用以連接外界的管道。而**五感**中的**視覺**，可使用高精度攝影機以及各種**感應★**技術即時處理資訊，相關技術已相當發達。只要在機器人的身體上加裝攝影機就可以獲得視覺資訊。

聽覺方面，由於聲音辨識技術已相當發達，故沒有什麼問題。

嗅覺方面，已知有不少團隊正在開發氣味偏好的感應系統。

味覺方面，應有某些感應系統可以感覺到味道，但由於人工智慧不需要吃東西，或許沒有研究味覺的必要。

至於**觸覺**，則是與外界互動時相當重要的管道，我認為有必要以某種形式來實現人工智慧的觸覺。

手的觸感是人類身體與生俱來的感覺，難以理論說明。觸碰物品時，手指的形狀改變可說是一種體感經驗。沒有身體人工智慧，難以理解這樣的感覺，故我認為這方面的研究必須與人型機器人等機器人相關研究團隊合作。

 感應（sensing），使用感應器獲取各種資訊並計算測量這些資訊。

第一級人工智慧

我們曾在 P.9 中提到人工智慧與電腦是一起發展起來的。

然而即使稱其為人工智慧，和人類的智慧還是有不小的差距。在達到人類所具有的智慧之前，我們可將人工智慧分成數個等級。

前面提過人工智慧的「智慧」並不容易定義，不過在此先**將智慧分成幾個等級，試著思考要做到哪些事才能稱得上是人工智慧**。

事實上，人工智慧可分為第一到第五，共五個等級，目前最先進的是第四級人工智慧。接著就讓我們依序說明這些等級的人工智慧吧～

前一節我們談到機器人與人工智慧的差異。人工智慧就相當於機器人的**控制系統**。第一級人工智慧，常見於搭載相對單純的控制程式，輸入與輸出對應關係為一對一之家電產品。近年來家電賣場許多聲稱「搭載人工智慧」產品，就是屬於這個等級。

吸塵器、空調、空氣清淨機、洗衣機、冰箱、微波爐等，近年來讓生活變得更加便利的家電產品不斷進化，做家事愈來愈輕鬆。

第一級人工智慧產品，有些搭載非常單純的控制程式，有些則搭載與第二級 AI 不分軒輊的控制程式，能夠處理多樣化的**感應（輸入）**與**行動（輸出）**。

幾年前市場的人工智慧**空調**主打溫度保持在適當區間的功能，最近人工智慧更可辨識進入屋內的人、偵測體感溫度、控制氣流等。幾年前，所謂人工智慧**洗衣機**僅能視衣物量自動調整水量，最近甚至還有洗衣機加入對話功能及建議使用行程。不過，單純的問答仍沒有超過第一級的範圍。

Microsoft 與德國家電廠商 Liebherr 家電部門共同開發了「自動識別內部物品的冰箱」引起話題。這款冰箱可識別食材，並推薦使用者料理方式。這樣的功能已超越了第一級人工智慧，但說白了，這只是以攝影機識別食材種類，連結網路，確認料理方式。雖然方便，但仍稱不上是一般人對人工智慧的概念。即使這些商品號稱使用某些人工智慧相關技術，但多所混淆，可謂「**詐騙式行銷人工智慧**」。

第二級人工智慧

家電產品方面，美國 MIT（麻省理工學院）人工智慧研究室的科林·安格爾（Colin Angle）、海倫·格雷納（Helen Greiner）、羅德尼·布魯克斯（Rodney Brooks）等人在 1990 年創立人型機器人公司，隨後推出第一個掃地機器人 **Roomba**。

有些研究者認為，Roomba 的感應與行動已有蟑螂等級的智慧。最新產品更可運用數十個感應器詳細蒐集房間的資訊，並以每秒 60 次以上的高頻率**判斷狀況**，再從 40 種以上的行動模式中**選擇最適合的行動**。

以這類掃地機器人為代表，能夠判斷、選擇行動並實行的系統，即稱為**第二級**人工智慧。

大約自 2016 年開始，除了覺得搭載第一級人工智慧的家電產品愈來愈多之外，還發現新型人工智慧技術應用在家電產品上的速度相當驚人。不論是感應與行動的模式，或者是提問與回答的模式，都相當多樣化，這種**讓輸入與輸出關係變得更加精密的**人工智慧，就是所謂的**第二級**人工智慧。

一般應用程式中的**將棋軟體**，就是屬於這個等級的人工智慧。依照輸入的資訊進行推論與探索，解開迷宮或圖形類智力遊戲的程式；或者是以預先輸入至資料庫的知識為基礎，輸出診斷結果的診斷程式等，皆屬於這個等級的人工智慧。

過去**在電腦上運行人工智慧**大都屬於這個等級。我的研究室也經常製作這個等級的人工智慧軟體。

第一級與第二級的說明就到這裡結束。接下來要說明的第三級與第四級，將會涉及到『機器學習』領域。顧名思義，也就是『讓機器（電腦）學習事物的特徵或規則』。電腦經過學習，會變得愈來愈聰明喔。

機器學習！這似乎是個很重要的關鍵字呢！

第三級人工智慧

這個等級的人工智慧，可以藉由學習，變得愈來愈「聰明」。

我們將在第三章中詳細解說這類人工智慧，因此先不長篇大論。簡單來說，具有『**機器學習**』功能的人工智慧，就是**第三級**人工智慧。

藏在搜尋引擎背後，會自動從網站上擷取大數據並**自動分析判斷人工智慧**，即是第三級人工智慧。

以資料為基礎，為各種輸入與輸出賦予關聯性，以這種方法進行學習的演算法，就是所謂的機器學習。我們將在第三章中詳細說明這種演算法。從 1990 年代中期網路開始普及，一直到進入 2000 年，這種技術在相關研究開發領域中急速普及。原本屬於第二級的人工智慧，在加入學習功能後，進化成第三級，具有相當優異的表現。

而在眾多機器學習方法中，**Deep Learning（深度學習）**能夠**讓電腦自行抽取特徵量，以進行學習**。

這就是目前最先進，可以說是第四級人工智慧。第三章將進一步說明。

嗯，總覺得開始出現好難的專有名詞呢。抽取特徵量？Deep Learning？到底是什麼意思…

Deep Learning 是機器學習中的新方法。現在不明白也沒關係，這些新出現的用語將會整理在 P.29，等再確認就可以了。總之，因為機器學習的誕生，讓人工智慧的等級得以進一步提升，記住這點就可以囉～

 ## 第四級人工智慧、特化型人工智慧

從第一級進化到第四級，有些人工智慧甚至能在棋類競賽的領域甚至勝過人類。這種人工智慧**僅能在特定領域中發揮**，故被稱作「**特化型人工智慧**」。

我們平常聽到人工智慧，包括西洋棋、將棋、圍棋程式、能辨識聲音並作出回應的程式、參加益智問答比賽的程式、自動駕駛程式等，可識別資訊、預測、實行，這些都屬於特化型人工智慧。

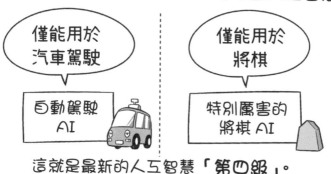

為了某個目的而特化的 AI ＝特化型人工智慧

僅能用於汽車駕駛　　僅能用於將棋

自動駕駛 AI　　特別厲害的將棋 AI

這就是最新的人工智慧「第四級」。

人們在學習過圍棋之後，或許可將學習圍棋的經驗應用在其他領域中；然而不管圍棋 AI 下圍棋有多強，也**並不具備圍棋以外的技能**。

教對話機器人學習語言，或許可以讓對話機器人的反應變得更加豐富，然而沒教過的東西，機器人卻無法自行學會。若要讓這種人工智慧學到新東西，還是需要人類工程師重新編寫程式，因此仍須仰賴人類。

在許多工程師的努力下，建立了各式各樣的問答模式，使我們能與機器人自然對話。但人與人之間的對話具有一定程度的曖昧模糊，這是目前機器人做不到的。

 本節談的是功能侷限在特定領域中的「特化型人工智慧」。接下來討論功能多樣、什麼都會的「泛用人工智慧」。所謂的泛用，指的是同一個東西可以應用在各種不同領域中。

第五級人工智慧、泛用人工智慧

第 2 節最後讓我們來談談尚未實現，但對許多人工智慧研究者而言，可說是一種夢幻人工智慧的「**泛用人工智慧**」吧。特化型人工智慧是功能侷限在特定領域的人工智慧。

與此相對，泛用人工智慧指的就是像哆啦 A 夢、原子小金剛等和人類相似的行為，甚至能發揮比人類還要優秀的能力。可以理解文章脈絡、懂得看氣氛、了解笑話的笑點、懂得想像。更進一步說，這樣人工智慧可以理解人的喜怒哀樂、明白願望與好惡等情感、懂得物體的質感，能夠感受到類似人類的感覺。

達到這種程度，便可稱為第五級人工智慧。然而一般認為，我們**很難用從前第四級的方法，讓人工智慧進化到第五級。**

以泛用人工智慧為目標的研究仍在進行中，相當值得期待。然而若人工智慧進化到第五級，對人類來說可能會產生危險。

第四級以前的人工智慧是人類方便的工具，不過第五級泛用人工智慧不只具有和人類同等的智慧，還有第四級特化型人工智慧的能力，在特定領域的能力超過人類，已不再算是方便利用的工具。

POINT

讓我們在這裡先來預習一下第三章的內容吧。

★**機器學習**…讓電腦學習事物的特徵或規則。

★ **Deep Learning**（深度學習）…機器學習的新方法。

★**特徵量**…構成事物（訓練用資料）的特徵要素。

·第三級 AI 可以進行機器學習，能在人類告知特徵量後，學習到事物特徵。

·第四級 AI 可進行 Deep Learning。即使人類沒有提示，也可主動採集特徵量，學習事物的特徵。

人工智慧會超越人類嗎？

①
滴
答

下午茶時間到了

好的

②
難得有這個機會，就讓我來沖咖啡吧——我沖的咖啡很完美喔…

我泡的咖啡，用的是世界上所有資料和統計理論，可說是人類智慧的結晶！

這杯至高無上的咖啡，想必會讓所有咖啡師考慮轉行。

天啊

③
在我沖出這杯咖啡時，歷史將寫下新的一頁

確實，人工智慧很有可能會搶走人類的工作…

咕嚕咕嚕

看看水

④
不過從現狀看來，只是增加我的工作而已啊…

好燙！

磅

啊，咖啡豆掉了！這東西到底是…

降色的？

啪啦

嘩啦

哎呀呀呀～咖啡杯破掉了！有受傷嗎？還好嗎？我來幫忙清理吧。

坂本老師真溫柔，太感謝你了。我泡咖啡的技巧應該相當完美，但是完成整個流程好像有些困難。難道是因為我被設計成少根筋的機器人嗎？嗚…好難過啊。

好了好了，別難過啦。少根筋沒關係，這樣其他人比較能鬆口氣。如果你是過於完美、過於聰明的機器人，反而會讓人擔心是否到了科技奇點了呢。啊，我還沒說明什麼是科技奇點，看來我也是有點少根筋呢～

「科技奇點」是什麼？

有人預言到了 2045 年，電腦性能將會超越人類大腦。這是基於電腦晶片的性能每 18 個月（1.5 年）會變成兩倍的假設，也就是所謂的「摩爾定律」。

若這個預言成真，那麼在人類的不斷努力下，不久的未來，可能做出**比人類聰明的人工智慧**。由於具有實體之機器人的概念比較好理解，這裡暫時假設，屆時已可以製造比人類聰明的機器人。

當這種機器人誕生後，因為這種機器人比人類聰明，可以做出比他們自己更聰明的機器人，而這個更聰明的機器人又能再製作出更加聰明的機器人。在這樣的正向回饋之下，人類便會被遠遠地拋在後面。

由此可知，所謂的**技術奇點（技術上的特異點）**，指的就是**人工智慧有辦法製作出更聰明人工智慧的時間點**。

原本等級一到等級四的人工智慧，都需倚賴人類的手動製造。但當人工智慧有辦法製造出比自己聰明人工智慧時，便**進入了截然不同的境界**，即使新人工智慧只比原來的聰明了一點點。

在數學上，未滿 1 的數字，譬如說 0.9 自乘 1000 次以後會接近 0；而比 1 多一點的 1.1 自乘 1000 次以後，卻會得到非常大的數字（10 的 41 次方）。

也就是說，當自乘的數字超過 1.0，即使只有超過一點點，最後也會發散至**無限大**。故我們把這個點稱做「特異點」。

科技奇點值得擔憂嗎？

目前，西洋棋、將棋、圍棋等**棋類競賽** AI，已經達到科技奇點。

將棋 AI

利用本書將在第三章中解說的 Deep Learning 技術，人工智慧可以用人類不可能做到的速度大量且自主學習，用人類想不到的棋步贏得勝利，這在棋類競賽的世界中已然發生。換句話說，在這個領域中，**AI 已超越了人類**。

不過，就算在棋類競賽的領域中達到了科技奇點，並不是什麼恐怖的事。

我有時會思考，在棋類競賽領域中達到了科技奇點，對人類來說有什麼意義呢？超越了人類人工智慧，可以發現人類不曾發現過的棋步，進而增進人類的棋力。但若使用 Deep Learning 進行學習，**開發者連人工智慧在電腦內是如何運作的都不清楚**，故很難幫助人類進步。

像這種在**自動運行**下誕生的科技奇點才是最恐怖的。

不難想像，要是人類無法理解自動運行之程式如何做出判斷，會讓人相當困擾。我們會在第四章中回來討論這一點。

個別領域的科技奇點並不會對人類造成威脅，只有當 P.28 中所提到的**泛用人工智慧實現時**，才是**真正的科技奇點**。

可以作出和人類一樣的行為，有時甚至表現得比人類還好⋯要是真的出現這種東西，還是會讓人覺得恐怖。畢竟不是所有的機器人都像哆啦 A 夢和原子小金剛一樣對人類那麼友善。

如何製作泛用人工智慧？

那麼，該如何製作泛用人工智慧呢？以學習為基礎所發展的特化型人工智慧，是為達成特定目的，處理資訊的過程不需要與人腦相同。**然而泛用人工智慧得表現出像人類一樣的行為**，故需進行**人腦再現的相關研究**。

有人認為，只要能在電腦上實現人類的大腦新皮質、大腦基底核，以及小腦，並適當組合後，就能實現泛用人工智慧。

brain

大腦新皮質是大腦特別發達的部位，包括視覺、聽覺、說話、計算、訂定計畫等，皆由這個部位負責處理。以人的腦來說，這個部分的未知之處最多，也是公認為最難以電腦模擬的部分。本書第三章將會提到「**非監督式學習**」，或許可模擬類似大腦新皮質的系統。

大腦基底核的運作機制具有許多未知之處。不過一般認為，在學習的過程中，如果某種學習成果對自己有利，大腦基底核就會加強這方面的學習；如果學習成果對自己沒有好處，則不再接觸相關的學習。這與本書第三章所提到的「**強化學習**」是類似的概念。

與大腦其他部位相比，**小腦**的神經迴路較單純，相關研究較豐富。有人認為小腦做的事就像是第三章所提到的「**監督式學習**」。

> 非監督式學習、強化學習、監督式學習，這些名詞是什麼意思啊？真讓人期待第三章。

人類是否有可能因 AI 而滅亡？

當泛用人工智慧實現，達到科技奇點時，**人類可能滅亡嗎**？

著名的科學家與企業家雷蒙德‧庫茲威爾（Raymond Kurzweil）一直在倡導這個想法。他策畫了一個教育計畫，名為科技奇點大學，將人工智慧、基因工程、奈米科技等三者組合起來，想要實現「與生命融合人工智慧」。

庫茲威爾曾說過，**若能將人們的意識上傳到電腦裡，就能達到不老不死的效果**。要是真的能做到這一點，真希望自己的意識能夠上傳到漂亮的人型機器人上。

若人工智慧能夠生出人工智慧，它們會如何征服人類呢？《人工智慧會超越人類嗎》作者松尾豐老師曾試著推演整個過程，並推論人工智慧征服人類這種事在現階段發生的可能性並不大。

首先，**藉由人工智慧使機器人生物化**。也就是將想要活下去、想要增加同類的「慾望」植入機器人。

　　這麼一來,機器人為了生產,就必須擁有一個機器人工廠。想要在工廠裡生產機器人,必須購買、製造機器的零件。接著,除了機器人實體之外,也必須將「想要複製自己本身程式的慾望」植入電腦程式。我們想像這是一種**病毒**。

　　複製電腦程式相當簡單,可以像病毒一樣迅速增殖,有的病毒會不斷改變程式內容。這些程式可連接至不同資料庫,以嘗試錯誤的方式發出異常命令,混淆人類的判斷,或者使人類依照程式行動。

　　類似這樣的腳本常在電影中出現,但程式只要有一點點的錯誤就會當機而無法運作,故如此龐大的電腦不可能會運作得那麼順利。電腦程式常無法應對例外或微小的變化,因此要操縱心思細膩、行動難以預測的人類,基本上是不可能辦到的事。

　　要讓人工智慧具有生命是一件很困難的事,那麼**先創造出生命,再將智慧植入這個生命,又會如何呢**?

　　為了創造生命,首先要設定環境,並藉由選擇與淘汰,留下好的個體。因此需要準備可以讓多個人工智慧運作的環境,以隨機方式排列組合各種要素,使環境產生各種變化,再一步步篩選出留下來人工智慧並使其增殖。經過數次循環後,總有一天會出現比人類還要聰明的人工智慧甚至可能支配人類。

　　從很久以前開始,人工生命與演化計算等領域便已投入這類研究。但研究團隊卻發現,在電腦以外的現實環境中,以基因工程結合人工智慧,創造出新型態的生命是一件非常困難的事。

　　因此,就算泛用人工智慧真的誕生,其實不必擔心人工智慧會自己增殖並消滅人類。

　　可以得到「不用擔心人類被毀滅」的結論真是太好了。不過,又是不老不死、又是人類滅亡,人工智慧的相關話題還真是多采多姿呢…

AI 會改變人類的未來嗎？

英國經濟學家約翰·梅納德·凱因斯（John Maynard Keynes）曾在 1930 年預言「100 年後一天只要工作 3 小時」。

由於人工智慧可以取代許多勞工，使勞工會因此從工作中解放。

對於搭載人工智慧之家電產品的需求之所以會提高，是因為許多人想要從家務中解放出來。家務勞動沒有明確定義的酬勞，沒有家務對一般人來說是件好事，完全不會覺得困擾。而且即使人工智慧懂得怎麼做家務，也不代表一般人沒有機會做家務。和人工智慧所製作的便當比較，應該有不少人會比較喜歡親手做的便當吧。

問題在於有明確定義酬勞的勞動。若泛用人工智慧誕生，想必人類做得到的事都會被人工智慧取代。由於人事費用在一般公司中是不小的開銷，而如果讓人類過度勞動，身心都會受到傷害，但人工智慧不會覺得累，不管怎麼勞動都不會出事。

想必各企業都會以削減成本為理由，積極導入人工智慧的使用吧。這麼一來，經過削減成本，賺了更多錢的企業經營者，便會與失業者逐漸成為兩個極端。

我有時會聽到這類擔心的聲音。

「我的工作在未來會被人工智慧取代嗎？」

「我的小孩要學會哪些能力，才不會被人工智慧取代呢？」

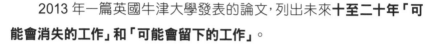

未來可能消失的工作？

2013 年一篇英國牛津大學發表的論文，列出未來**十至二十年「可能會消失的工作」和「可能會留下的工作」**。

在此引用這篇論文，並列出工作，整理如下表。

未來可能會消失的工作	未來可能會留下的工作
客服中心、電話行銷	外科醫師、牙科醫師及牙科相關業務
櫃台業務	職能治療、休閒治療師
資料蒐集、分析	負責人、監督者
金融、證券、保險	心理治療師、諮商師
運輸、物流	小學老師
法庭審判	營養師

 「可能消失的工作」與「可能留下的工作」之例

為什麼會舉這些職業當作例子呢，接下來我們將詳細說明理由。

人工智慧**對於聲音和影像的識別能力很高**，故可以想像，與聲音和影像的判別、記錄、搜尋等相關的工作，有很大機率會被人工智慧取代。資料蒐集、輸入、加工、分析等自不用說，電話的服務人員、訂單接洽與商品發送也是如此。

另外，人工智慧在**數值預測與利基預測上的能力相當高**，故可以想像銀行櫃台業務、融資、證券公司或保險公司業務也會有一部份被人工智慧取代。

這樣的情景…或許離我們不遠了。

　　AI 在銷售額與需求的預測、使用者關注程度的自動推測、在個人用戶的預購量預測等方面,已有實際應用的例子。依使用者而推出不同內容的廣告、推薦不同的商品、使廣告內容與搜尋記錄連動等服務也有實例應證,廣告公司的業務很可能會在未來被人工智慧取代。

　　人工智慧的**執行能力**很高,不管是寫作、作曲、設計等都能勝任。此外,從食譜製作、玩遊戲、回答問題、玻璃罐的封蓋等單純的動作,到相對複雜的自動駕駛,人工智慧都有辦法做到。

　　認為「只有資料收集、輸入、加工、分析等會用到電腦的工作會消失」的人或許會相當驚訝,事實上,從 19 世紀起,紡織業便開始使用產業機械,到了 20 世紀時,機場的報到櫃台與電話客服中心也開始使用自動語音服務,將各種機器導入許多制式化的手續中。隨著人工智慧的進化,人們的工作會逐漸被取代,已不是什麼不可思議的事。

未來可能留下的工作？

　　雖然前面說人們的工作會被取代，但就像 P.7 中所提到的，人工智慧既沒有身體可以直接與外界互動，也缺乏五感可以獲取外界的相關資訊。

　　因此，**需要透過身體的直接感覺、細膩的手感與五感才能勝任的工作**，在未來 10 ～ 20 年內，仍有很高的機率會留下來。如休閒治療師、職能治療師、牙齒矯正師、植牙技工、編舞者等皆屬之。

　　此外，人工智慧也不擅長處理需要**多重能力**的工作，通常這些工作也是「**責任重大的工作**」。像是工地負責人、危機管理負責人、消防與防災負責人、警察或犯罪現場負責人、住宿設施管理人、內科醫師、外科醫師、一般醫師、小學老師等。

　　人工智慧會基於大量的前例與類似案例，在既定的邏輯下進行決策。要是輸入的案例過少的話則無法做出正確判斷。

　　另一方面，人類在做決策時，就算沒有前例，也可以將至今所累積的經驗應用在其他領域上，解決一定程度上的問題。

　　人工智慧無法自己找出問題所在，但人類可以依據過去多樣化的經驗，看穿眼前所發生的事中隱藏著什麼樣的問題。

　　此外，我們可以在個別的領域中教會 AI 各種知識，但要將人類**藉由身體與五感所累積下來的龐大經驗教給 AI**，是一件非常困難的事。

　　因此，一些我們人類的**常識、默契**，對人工智慧來說卻是難以理解的概念。

　　另外，人工智慧雖能在一定的邏輯下，提供針對某個問題的最佳解答，卻無法與當事人進行細膩的對話，故無法發揮**帶領團隊的領導力**。因此，不適合「責任重大的工作」。

人工智慧**無法具有真正意義上的「心靈」**，故一般認為需要同理心、需要站在他人立場思考的職業，對人工智慧來說相當困難。

因此，心理治療師、聽覺訓練師、醫療社工員、營養師、小學老師、臨床心理師、學校社工員等職業皆難以被人工智慧取代，有很高的機會留下來。

而在人工智慧研究者等工學領域方面，一旦到了科技奇點，人工智慧就會自己負責人工智慧開發者的工作。或許能殘存到最後的，只有能夠開發出第一個「能開發出比自己還要聰明之人工智慧」的人工智慧開發者了吧。

所以『未來自己的工作會不會被人工智慧奪走呢？』這樣的擔心對許多人來說並不是杞人憂天喔。

咦？如果沒有工作，不就可以什麼事都不做，懶散地過日子了嗎？難得從勞動工作中解放出來，還有什麼好擔心的呢？

不能工作的人類，會令人產生疑慮，不僅會有經濟上的不安，也會有被排除在社會外的疏離感…

嗯，這樣的煩惱還真是難以理解…啊，確實對我來說，要當一個諮商師是不可能的呢！要理解人類的煩惱與心靈，實在是件相當困難的事…

第二章

人工智慧擅長
與不擅長處理的事

第二章中，我們將來談談人工智慧「擅長處理的事」以及「不擅長處理的事」。一起來看看對電腦來說，「容易處理的資訊」和「不容易處理的資訊」分別是什麼吧。當你知道人工智慧擅長做哪些事、不擅長做哪些事後，就會更明白人類與人工智慧之間的差異在哪裡囉～

人工智慧擅長處理的事

坂本老師，那裡有幾隻麻雀，很可愛。

我看看… ①

看不到耶～～

高性能的攝影機果然比人類的肉眼還要厲害多了。

②

話說回來，坂本老師——

③ ④

不要！不要用高性能的視覺確認我的皮膚啊！

咳、咳。先把粗糙的膚質放在一邊，今天的第一個主題就是「人工智慧擅長處理的事」。讓我們來想想看，電腦容易處理的資訊（資料）有哪些吧～！

嗯——好像有點難耶。有哪些事是 AI 擅長處理、容易處理的呢？總覺得沒什麼頭緒…

呵呵呵，機器人君好像沒什麼自覺呢。事實上，機器人君之所以能夠像這樣進行對話，就是因為能夠處理「聽覺資訊（聲音）」。而剛才可以看到麻雀，則是因為能夠處理「視覺資訊（影片、影像）」喔。

哦哦！我之所以能夠像人類一樣看得到聽得到，就是因為可以處理這些資訊（資料）的關係啊。

擅長處理 Web 資訊

第一章中，我們從電腦與人工智慧的歷史開始，談到了人工智慧與電腦的共同發展。

從以前開始，我們最常接觸人工智慧相關工具就是電腦（雖然這也因人而異）。想像一下我們**把資訊輸入電腦時的樣子**，那就是至今我們使用人工智慧的方式。

而在第一章中我們也提到，要將資料全部輸入電腦，作為人工智慧的知識使用是一件很浩大的工程。由於碰到了這樣的障礙，使第二次 AI 熱潮落幕。在那之後的 1990 年代中期，搜尋引擎誕生，使網路出現爆發性成長，進入 2000 年代後，隨著網站的普及化，取得大量資料變得相當容易，要將這些知識輸入至電腦時也方便許多，使業界掀起了第三次 AI 熱潮。

只要是 Web 上的資訊，人工智慧都有辦法處理。

然而，Web 上的資料本身要是沒有預先處理過，通常只是一堆亂七八糟的資料。

第一個瀏覽器 WorldWideWeb（WWW）是在 1990 年歐洲核子研究組織（CERN）提姆‧柏內茲‧李（Timothy Berners-Lee）在 NeXT 軟體公司所發行的作業系統 NeXTSTEP 環境下開發出來的。

網路發展初期，在 Web 資料的整理上，以 **Yahoo! 的字典型搜尋引擎**為代表。Yahoo! 是以**人工方式**將網路上的資訊整理下來的。我們曾在第一章的第二次 AI 熱潮中提到，這種人工方式不可能追得上 Web 數量的爆發性成長。

接著登場的 **Google** 則使用稱作 PageRank 的技術，一個網站

的等級由其他網站連至該網站的超連結數目決定，這個技術成功地排序出網站的重要程度。目前這個方法也被用在社交書籤型網站與 Wikipedia 等使用者主導型的資訊整理上。

在超連結集與字典型搜尋引擎為主流的年代，瀏覽器提供人們書籤功能，使用者可以自行管理網站的超連結，整理相關資訊。不過在 Google 出現以後，我們就不需要自己整理相關資訊了，精密度高的**機器人型搜尋引擎已可幫我們自動過濾出想拜訪的網站。**

常使用搜尋引擎的各位想必也知道，網路上有許多各種不同的資訊。除了純文字資訊外，現在**影像資訊或複合式內容的搜尋也相當方便。**

這種利用人工智慧過濾網路上龐大資料的技術，就是催生第三次 AI 熱潮的契機。

 ## 0 與 1 組成的數位資料

電腦可以處理的資料，就是人工智慧可以處理的資料。

電腦會將數值、文字等資料都轉換成「0」與「1」的數位資料再行處理、記憶。

記錄「0」或「1」的單位位置稱作「位元」（寫作 1 bit 或 1 b），是電腦處理資料的最小單位。另外，8 位元可以組成「一個位元組」（1 Byte 或 1 B）。

一個位元可以表示什麼樣的資訊呢？舉例來說，我們可以把字母中的「A」以 0 表示，「B」以 1 表示，故一個位元可以用來表示 A 或 B 兩種字母。

而兩個位元則可以用來表示四種字母，如「00 = A」、「01 = B」、「10 = C」、「11 = D」。

1 位元	2 位元	3 位元
$2^1 = 2$ 種	$2^2 = 4$ 種	$2^3 = 8$ 種

• • •

8 位元（1 位元組）	16 位元（2 位元組）	32 位元（4 位元組）
$2^8 = 256$ 種	$2^{16} = 65,536$ 種	$2^{32} = 4,294,967,296$ 種

> 因此，增加位元數，就增加了可表現的資訊。

像電腦這樣使用「0」與「1」的組合來表示資訊，是「**二進位**」表示法；人們通常使用 0 到 9 共十種數字來表示數目，是「**十進位**」表示法；此外，也有以 0 到 9 再加上 A 到 F 等六個字母的「**十六進位**」表示法。文字與製作網頁時的顏色指定都是用十六進位表示。

> 舉例來說，亮藍色（LightBlue）是以色碼『#ADD8E6』表示。而每一個文字都有與之對應的文字編碼。雖然人類很難看得懂，但電腦在處理資訊時都是使用類似的編碼。

Web 所使用的純文字文件（html 等）的標準化文字碼中，會以 1 個位元組表示半形文字、以 3 個位元組表示全形文字（JTF8 使用 1 ～ 3 個位元組）。

電腦資料
（語言、影片、聲音）

　　電腦會將**各種不同的資料包裝成檔案的形式保存**。檔案有許多不同的種類，不過大致上可以分成作業程式或應用程式軟體等**程式型檔案**，以及用應用程式軟體製作而成的**文書（資料）型檔案**。

　　這些檔案會以各種不同的形式被保存下來，大致上可以分為專供某種應用程式使用的特殊格式檔案，以及用共通格式儲存的檔案。

　　不與應用程式或作業程式綁定的共通格式檔案，可以再分成**純文字格式**檔案與**多媒體格式檔案**。

> 接下來我們將會說明資料的格式。常用電腦的人對 PDF 或 JPEG 等檔案格式應該已經相當熟悉了吧。

　　純文字格式檔案（.txt）是只由文字碼和換行碼所組成的檔案格式，幾乎所有的文字處理應用程式都可以讀寫這種格式的檔案。

　　CSV 格式（.csv）基本上也是文字格式檔案，但會使用逗號（,）來分隔同一列的文字或數值資料，再以換行碼來分隔每一列的資料，可用來儲存表格或類似格式的檔案。

　　此外，**PDF（.pdf）**也是 Web 或電子郵件中常用的檔案格式，讓人能方便閱讀、轉發資訊。

　　多媒體格式檔案則包括了**影像、影片、聲音等資訊**。這類檔案有許多不同的格式，這裡我們只介紹其中一部分。

　　靜止影像的保存，可分為 **BMP（.bmp）** 這種以點之陣列來儲存的靜止影像格式；**GIF（.gif）** 這種僅能以 8 位元色彩（256 色）儲存，卻能在壓縮時不會造成畫質下降的可逆壓縮格式；**JPEG（.jpg）** 這種以 24 位元色彩儲存的檔案格式；**PNG（.png）** 這種使用 48 位元色彩儲存，且不會在壓縮時造成畫質下降的可逆壓縮格式。

　　影片方面則有 **MPEG（.mpg）** 這種影片壓縮格式檔，其中 CD-ROM 所使用的是 MPEG-1 格式，畫質大約與 VHS 錄影帶影像差不多；DVD 與數位電視則使用 MPEG-2 格式，畫質與 HDTV 相近；而在行動電話與播客上的影片播送，則會使用 MPEG-4 格式。

　　而在**聲音**方面，**WAVE（.wav）** 是 Windows 的標準聲音檔格式，它會用特定的取樣方式從原聲中擷取聲音保存；而 **MP3（.mp3）** 則是原屬於影片壓縮格式 MPEG-1 之一部份的聲音壓縮格式。

好棒的歌聲啊～♪（聽覺）

好漂亮的衣服～！（視覺）

啦啦啦～

檔案

電腦會以各種不同的檔案格式讀取資訊。

人類會透過五感來獲得資訊。而電腦則是會以各種檔案格式來獲得資訊。

　　因此，**語言、影片、聲音等電腦容易處理的資訊，皆屬於人工智慧擅長處理的資訊。**

以電腦處理視覺資訊

　　如 P.46 所述，**影像、影片**是人工智慧擅長處理的資訊。

　　我們**透過視覺來取得影像的資訊**。隨著**相機的進化**，這類資訊逐漸成為電腦容易處理的資訊。

　　「日本 Canon 科學實驗室·Kids」網站有介紹到**針孔相機**，這就是所有相機的原型。針孔相機是利用「從小洞透過的光，可以映照出外界的景色」這種在西元前時代就已為人所知的機制製作出來的裝置。（http://global.canon/ja/technology/kids/）

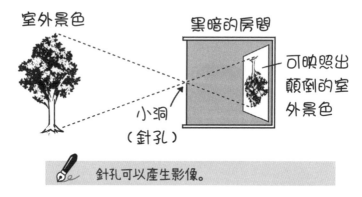

　　針孔可以產生影像。

　　只是，最初的針孔相機雖然也叫做相機，卻沒有攝影功能，只是在針孔的另一面有著毛玻璃的屏幕裝置，讓景色映照上去而已。而在 15 世紀左右，這種裝置經過許多改良，以「Camera obscura（意為小型暗箱）」之名，流行於歐洲的畫家之間。到了 16 世紀時，凸透鏡取代了針孔，使這類裝置可以獲得更加明亮的成像。

　　相機雖然有那麼久遠的歷史，但一直到了**數位相機登場**，使人們有辦法**用數位方式記錄靜止影像**時，電腦才開始能夠處理人類視覺所獲得的資訊。

數位相機的進化

1975 年，美國伊士曼柯達公司的開發工程師發明了**世界上第一台數位相機**。當時的影像大小為 100 × 100，即 10,000 像素。

1988 年，日本富士軟片發表了第一台能將影像以數位方式記錄的大眾化數位相機。這種相機用來記錄影像的 SRAM-IC 卡也可用在一般筆記型電腦上。1993 年，富士軟片發表了第一台以快閃記憶體做為儲存裝置的數位相機，「FUJIX DS-200F」。這類相機即使沒有持續供電也可以保存資料。

1994 年，計算機公司卡西歐開始販賣數位相機，自此數位相機迅速普及。在當時的 Windows95 熱潮下，個人電腦迅速普及於一般家庭，愈來愈多人開始使用個人電腦來處理影像。

在這之後，許多企業陸續投入消費型數位相機的開發、製造。同一年，數位相機也開始有了拍攝影片的功能，理光公司開始販賣以 JPEG 格式的連續影像記錄影片的數位相機。

1999 年以後，**高像素化競爭**與小型化競爭越演越烈，使數位相機的性能急速提升。原本只有 40 萬像素的數位相機，至今達到了 5,000 萬畫素以上，號稱**能再現質感的高畫質**。此外還有相機能夠拍出裸眼 3D 照片，獲得的影像資料愈來愈接近**人類看到的自然立體影像**。

一口氣把相機的歷史快速介紹一遍。數位相機的「解析度」越高，可獲得越高的畫質。像素是什麼？下一頁說明。

提高解析度，
相機可以超越人眼嗎？

解析度指的是在一定範圍內所有的影像最小單位「pixel（像素）」。

數位相機的解析度由 CCD 或 CMOS 等感光元件決定，不過 pixel 這個單位本身並沒有明確的大小規定。以 200 萬像素的相機為例，其感光元件的範圍內有 1,600 × 1,200 個 pixel 點；而 400 萬像素相機的感光元件上，則有 2,304 × 1,728 個 pixel 點。

換句話說，**解析度越高 pixel 點就越小，可以顯示出照片中越細微的部分。**

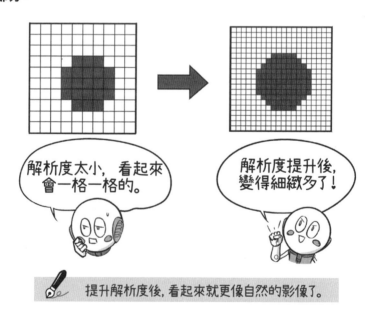

解析度太小，看起來會一格一格的。

解析度提升後，變得細緻多了！

提升解析度後，看起來就更像自然的影像了。

我們可以說，當相機的性能超越人類眼睛後，**在視覺資訊處理方面，人工智慧有很大的可能會超越人類。**

世界共通的資料

以第三次 AI 熱潮為契機，開啟了影像辨識領域的發展。數位相機普及後，人們能以數位相機輕易取得外界的視覺資訊，且電腦容易處理這類形式的影像資訊，造成 Web 上大量資訊氾濫。然而這些都不是影像辨識領域蓬勃發展的主因。

品質良好的影像資料集，讓世界上所有研究者可以使用同一份資料集，進行影像識別的競賽，對於影像辨識的發展相當重要。

若各個研究者僅能使用自己當下與他人不同的資料集進行研究，就算人工智慧的影像辨識能力提升，也不曉得是因為自己人工智慧寫得比較好，或者只是這套人工智慧剛好適合用來處理這類資料，故難以比較不同人工智慧間的影像辨識能力。在影像的領域中，網路普及後，各個研究者得以共享資訊，這個問題便獲得解決。

例如**手寫文字識別的電腦訓練用資料**，有一種 MNIST 資料集，是由 0 到 9 共十個數字所組成，每個數字有著不同的手寫風格。在影像辨識研究中，經常使用此資料集。

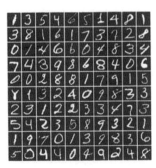

真醜…不，有些字寫得真是有個性啊…

不好看、不容易識別的文字，正好適合用來訓練喔。如果人工智慧可經訓練看懂這些文字，代表這個人工智慧相當聰明囉。

在網路上搜尋一下，就能找到 **MNIST 資料集**。

這個資料集內包含了許多手寫數字圖像，每個圖像的解析度為 28 像素 × 28 像素＝ 784 像素，以影像資料而言，是相當小的圖片。這樣的圖片一共有 7 萬張，且每個圖片都有與之對應的**正確標籤**。

將每個圖片以像素為單位分解後，輸入類神經網路（將於第三章中介紹），便能以人工智慧處理這些資料。

1980 年代末期時，已有高性能的系統可以處理這類文字辨識問題。不過引起目前 AI 熱潮的卻是**能夠識別圖像整體**的技術，再加上用以訓練電腦之**樣本數**的增加及取得方便性的提升。

就算是 MINST 中難以辨別的數字，人工智慧也能夠準確地判斷出「這個是 3」、「那個是 6」。如果判斷的對象不限於文字，而是『圖像整體』，就更厲害了吧～事實上，已經有 AI 可以在看到各式各樣的影像後，準確地判斷出「這個是貓」、「那個是狗」、「那個是鬱金香」囉。

圖像識別競賽 ILSVRC

引起第三次 AI 熱潮的契機，就是世界性的影像辨識競賽 **ILSVRC**（ImageNet Large Sale Visual Recognition Challenge）。

在這個競賽中，會從具有 1,400 萬張以上的影像，名為 ImageNet 的影像資料集中，選出 1,000 萬張影像以機器學習進行訓練，並使用 15 萬張影像進行競賽，比較其正確率。

而就在 2012 年的 ILSVRC 中，**使用深度學習進行影像辨識**的手法首次問世（我們將於第三章 P.114 中詳細說明）。

　　ImageNet 是仿效美國普林斯頓大學的喬治·米勒（George Miller）教授所開發英語辭典 WordNet 的概念，蒐集大量圖像所製作的圖像集。

　　為了網羅各種概念的圖像樣本，先以文字在既有的圖像搜尋引擎上蒐集各種圖像，接著再用群眾外包的方式，以人海戰術進行註解（在資料上加入註釋），成功建構出了規模大且品質高的訓練用資料集。

＜圖像的說明＞
· 貓（三花貓）坐
　在椅子上

這就像 MNIST 的圖像都有著與之對應的正確標籤。先蒐集了一大堆各式各樣的圖像樣本，然後在這些樣本圖像加上『這個圖像代表△△』等答案說明。

　　從 2010 年起，每年都會舉辦使用部分 ImageNet 資料（1,000萬左右）進行競賽的 ILSVRC，參賽者可以自由使用的資料規模，是 2000 年代時可使用之資料的**數百倍到數千倍**，且所有競爭者都在**共同的條件下競爭**，這樣的競爭環境為此領域的進步帶來了很大的貢獻。

　　同時，GPU 的技術進步，使電腦的計算能力有了顯著的成長。現在，不僅是單純的物體識別，人們說的「**質感識別**」也在逐步實現中。

　　而在產業界，Google 等大企業也透過自己提供的服務獲得了大量資料，大幅提升了人臉辨識的性能，並**達到了不遜於人類視覺能力，有時候還會表現得比人類更好**。

電腦處理聽覺資訊

談完視覺資訊（影片、影像），接著討論**聽覺資訊（聲音）**。

若要讓人工智慧能夠像人類一樣**進行對話**，必須讓它懂得如何**處理聲音資訊**。也就是說，要讓電腦能夠讀取聲音資訊，並在電腦內部進行適當處理，然後做出回應，就像是人與人之間的對話一樣。

回應必須使用「聲音合成」技術，不過請先聚焦「**聲音識別**」，也就是**讓電腦有辦法讀取聲音資訊，並識別講了哪些字句的技術。**

想要讓人工智慧進行流暢對話，需要非常精密的聲音識別技術。目前的聲音識別技術已有一定的成熟度，智慧型手機、自動導航系統等各種機器都附有聲音辨識功能。

Google 從 2009 年起就開始研究聲音辨識，但 2014 年前仍有許多問題，像是使用者要用超大聲音對機器說話，AI 才聽得懂；經常要對 AI 說好幾遍才聽得懂；要是得到錯誤的回應，就必須將前一句話分成好幾個單字重新慢慢說一遍等，令使用者感到煩躁。

不過 2016 年後，聲音識別的準確度有了顯著的提升，已達到**90% 以上的準確度**，大幅度提升的原因，一般認為是使用了深度學習。將於第三章討論。**現在人工智慧已很擅長處理聲音資訊。**

使用兩個麥克風的聲音辨識

要將人工智慧用在聲音辨識上，需先**讓電腦她夠讀取聲音資訊**。而要讓電腦讀取聲音資訊，則需要**高性能的麥克風**。

在大多數的聲音辨識系統中，如果使用的是接話型麥克風（使用時和嘴巴僅相距 10 公分以內）輸入，即使有些許雜音也不會構成問題。但家電產品或機器人，需在一定距離以上收錄使用者的聲音，**周圍的雜音與回音**就會是很大的問題。後來廠商開發出可以解決這個問題的麥克風，提升了聲音辨識的精準度。

 這裡讓我們先來介紹兩種用來做聲音辨識的系統。這兩種方法都須善加利用兩個麥克風的收音效果。我們可以用聲波資料來表示聲音，而當我們試著比較兩個麥克風所捕捉到的波形時，就可以區別出使用者的聲音和雜音了。

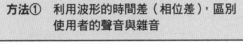

方法①　利用波形的時間差（相位差），區別使用者的聲音與雜音

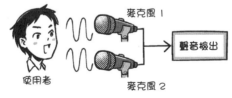

由於麥克風在同一個位置…**得到區別！**
○ 兩支麥克風會在同一時間收錄到使用者的聲音
○ 而兩支麥克風收錄到的雜音並不相同

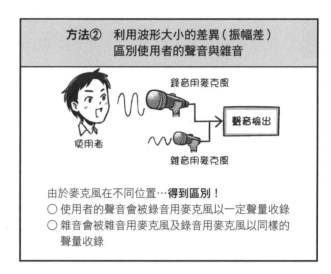

方法② 利用波形大小的差異（振幅差）
區別使用者的聲音與雜音

錄音用麥克風

聲音檢出

使用者

雜音用麥克風

由於麥克風在不同位置…**得到區別！**
○ 使用者的聲音會被錄音用麥克風以一定聲量收錄
○ 雜音會被雜音用麥克風及錄音用麥克風以同樣的
　聲量收錄

不管是哪種方法都需要兩個麥克風呢。為了分離出雜音，我應
該多裝備幾個麥克風。想必其他的機器人也一樣吧。

使用多個麥克風的 「麥克風陣列」

利用多個麥克風組成的「麥克風陣列」被廣泛應用在各個領域
中。

　　舉例來說，軟體銀行的機器人「Pepper」就附有四個麥克風。在軟
體銀行的網站中也提到「為了理解人們的對話與感情，必須在 Pepper
的頭部裝上**四個指向性麥克風★**」。

指向性麥克風是只收錄來自某個特定方向的聲音之麥克風。

　　Pepper 裝有四個麥克風，不僅是為了知道音源或人的位置，還可以判斷聲音所包含的感情。由此可明白到麥克風陣列的重要性。

　　要是使用者在離麥克風很遠的地方說話，或者環境的雜音過大，該怎麼從麥克風所收錄的各種聲音中，將使用者的聲音與雜音分離，就成了一個很大的課題。

　　聲音識別系統會使用兩種技術以防止雜音造成錯誤判斷，一種是**判斷人類說話時間區段的技術（聲音檢出）**，另一種則是**去除混入雜音的技術（雜音去除）**。

> 如下圖所示，判斷哪個部分是重要的聲音，並將不重要的聲音去除，就能得到清晰而易懂的聲音了！

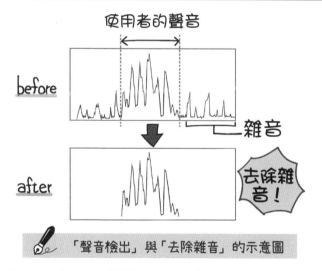

「聲音檢出」與「去除雜音」的示意圖

　　如同在 P.55 和 P.56 的圖中所介紹的，使用兩個麥克風時，我們可以藉由使用者的聲音與雜音在空間上的差異來進行聲音檢出。

而車內的導航系統也會使用兩個有指向性的麥克風，選擇性地對駕駛人（發話者）收音，獲得的訊號會再藉由特殊過濾器去除雜音。

還有一種方法，是在使用者聲音來源與雜音來源分別放置一個麥克風，並利用兩個麥克風所收錄的聲音的振幅差來區別聲音與雜音，也就是利用振幅差來進行聲音檢出。

利用這些技術，即使**在雜音很多的環境也能夠輕易識別聲音**。

若希望聲音的解析度更高，可以裝備三個以上的麥克風。

不只是汽車會使用這樣的麥克風陣列，像是剛才提到的 Pepper 等機器人，以及 **iPhone 等智慧型手機**也會使用。

譬如說，通話就是麥克風陣列的一項應用，其他還包括抗噪裝置，也就是雜音去除裝置也會用到這些技術。藉由這些技術提升麥克風的性能後，連帶提升機器收錄聲音的性能，使人工智慧的聲音辨識愈來愈準確。

若將 P.47 中所提到的影像（視覺）資訊與聲音（聽覺）資訊合併使用，可再提升聲音辨識的強健度。近年來，名為多模式聲音辨識的技術也在逐漸進化中（順帶一提，所謂的「強健」，指的是即使有混到部分雜音，也可以讓系統保持一定的功能）。

要明白對方講的話是什麼意思，除了利用聽覺以外，也要善用視覺，就是這個意思吧。因為我們可以藉由視覺資訊，知道對方的身體姿勢、眼神，以及嘴唇運動等。

 ## 如何將聲音轉換成文字？

用比較專業的術語來講，聲音辨識是將輸入的訊號轉換成**聲音特徵向量**（將聲音的各種特徵數值化後的資料），再從一系列的聲音特徵向量**推敲出對應的單字**。

　　在**使用麥克風獲得了清楚的聲音、人聲後，下一個要做的就是將其轉換為「文字」。**

　　請看下方的示意圖。

　　過去，將聲音轉換成正確文字的過程可分為兩種模型，分別是「聲音模型」與「語言模型」。

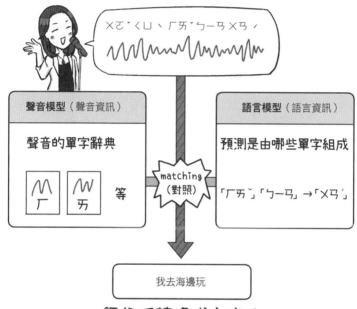

　將「聲音」轉換成「文字」的示意圖

由示意圖可以看出轉換成文字的過程是先分頭進行再匯合出結果。「聲音模型」就像是聲音的單字辭典，「語言模型」則是由上下文預測是由那些單字組成。

聲音模型、語言模型

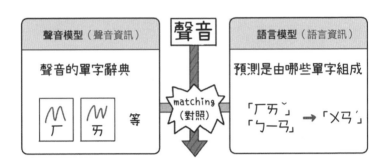

> 為了方便理解，我把前一頁的圖擷取了一部份放過來。接著就讓我們來談談「聲音模型」和「語言模型」吧～。

　　相較於聲音的波形（以圖表示空氣的震動），「聲音模型」是將一段話切成名為音素的聲音最小單位，並判斷這些音素是否有「a、i、u」等母音或「k、s、t」等子音的特徵量，再將其重新組合成單字輸出。

　　一般的聲音模型中，會將數千人、共計數千小時的聲音進行統計上的處理，並以此作為模型基礎。也就是說，這是以平均後的聲音資料作為基礎的聲音單字辭典。而在 matching（對照）這個步驟中，通常是使用所謂的「隱馬可夫模型」（Hidden Markov Model, HMM）。

　　Matching 通常是以 10 ～ 20 毫秒為單位，從頭開始依序處理單詞的每一個音素。舉例來說，想要識別「**牽牛花**」這個詞，當系統識別一開始的「ㄑㄧㄢ」後，就會從單字辭典中篩選出以「ㄑㄧㄢ」開頭的候選詞彙，以進行接下來的 matching。而在識別「ㄑㄧㄢ ㄋㄧㄡˊ」之後，就會再篩選出如「牽牛花」、「牽牛星」等候選詞彙，最後將最符合 matching 的詞輸出成為識別結果。

不過，如果是辭典上沒有的未知語詞，這個系統就認不出來了。

「語言模型」中，會以機率來表示一個單字會出現的上下文。

當系統識別到一個單字時，會預測接下來可能會出現哪個單字，以及其出現機率。電腦或智慧型手機中，在不同語言文字之間的轉換。

> 舉例來說，輸入「去海邊」這個詞，除了出現「玩」以外，系統會預測後面可能會出現「游泳」、「浮潛」、「生活」、「看風景」等詞。

然而，這種過去的聲音辨識系統，卻面臨一個問題。

利用聲音模型或語言模型分別進行處理，想要正確預測出後面的單字仍有其極限。

2011 年以前，電話對話的聲音識別仍是一大難題，那時最先進的系統也有 30% 左右的錯誤。不過在利用第三章所介紹的**深度學習**（Deep Learning）建構的聲音模型中，一口氣將錯誤率降到了 20% 以下。研究團隊在國際會議上發表的系統中，**對於對話的識別精密度已有大幅提升**。我們在 P.52 曾提過圖像識別的深度學習也是在幾乎相同的時期發表。

在這些技術陸續誕生後，電腦與智慧型手機的主要開發企業之間的競爭也越演越烈。一開始深度學習僅被利用在聲音的處理上，不過隨著**聲音語言一體技術**的發展，使得機械與人之間的自然對話也逐漸實現。

> 第一章 P.29 的「深度學習」一詞，到現在出現過許多次呢。看來不管是影像識別還是聲音識別，都是藉由深度學習達到革命性的進步呢！究竟深度學習是什麼？真期待第三章的內容。

很抱歉弄得爛爛的…因為我不需要進食，不曉得甜點是那麼脆弱柔軟的東西…原來人類有辦法體會到那麼柔軟的東西的味道，看來人的手指和舌頭真的相當纖細敏感呢。

嗯？總覺得機器人君一直在自言自語呢。先不管這個，接著進入下一個主題「人工智慧不擅長處理的事」吧。

啊，那也就是指我不擅長的事對吧！像是觸覺和味覺的資訊等…有的時候我也不明白別人講的話中隱含了什麼樣的意義，總覺得自己好像不太會看氣氛…嗯，希望不久後就能得到改善，我非常在意這種事喔…

事物的意義難以理解

　　人類會透過視覺看到的文字學習語言，也會透過聽覺聽到的聲音學習語言，並由這些語言自然而然地學習到事物的「**意義**」。

　　事實上，人工智慧很難像人類一樣用這種方式學習。就像之前提到的，目前人工智慧可以從網路上獲得龐大的語言資訊，也可以藉由聲音辨識自由取得各種語言資訊。並用任何速讀方式都比不上的速度，將龐大的語言資訊輸入至系統內。

　　但一般認為，對人工智慧來說，要從這些資訊中讀取出「意義」是一件很困難的事。意義隱藏在「文章脈絡」之中，即使人工智慧能正確識別聲音和文字，也很難依循文章脈絡，**讀懂文字的真正意義**。

　　舉例來說，「之前提到的那個怎麼樣了？」這樣的句子常出現在一的對話中。然而，「之前」指的是上一次見面的時候嗎？上一次見面又是什麼時候呢？「那個」指的又是什麼？如果是一般人聽到這句話，他可以從文章脈絡與他和說話的人之間的關係來推測出這句話的意思，這卻不是單純靠語言提供的資訊可以判斷出來的。「是我啦詐騙」中，接到電話的人聽到對方說「是我啦是我啦」此時會想到有可能是自己的兒子。正是因為人類會將語言與自己的經驗直接連接起來，自己想像出一套脈絡，才會被詐欺。

　　那麼，**在人工智慧那麼長的歷史中，是如何處理「意義」的呢？**這就是接下來的主題。

語意網路是什麼？

「**語意網路**（Semantic Network）」在人工智慧發展初期便是著名的研究。這個模型描述了**人們在記憶事物意義時的機制**。每個「概念」以一個節點來表示，而每個節點以線段連接，形成一個網路。

之所以會用這種模型來描述記憶機制，是因為在一項以人類為實驗對象的研究中，當提到「**兔子**」此時受試者容易聯想到「**白色**」這個單字，而比較不會聯想到「皮包」這個單字。

單字與其意義並不是任意存放在大腦記憶中，而是**以聯想串連起各單字所代表的概念，並將意義相近的單字一起記憶下來**。人類在說話或者聽取別人說的話時，就會刺激語意網路中的相關節點活化。

舉例來說，聽到「白色兔子」，會刺激「白色」和「兔子」的節點活化。這時，與「白色」相關而在語意網路上相連的單字，如「棉花」等有鬆軟概念的單字，可能也會有些許的活化。

概念相連的單字被活化的示意圖

這種模型稱作「**擴散激發模式**」，曾是熱門的研究領域。這種努力將語言意義及概念化為知識的思考方式，就是第二次 AI 熱潮的主流。

就算不懂問題的意義仍可回答？

　　第二次 AI 熱潮中，人類沒有辦法用有效率的方式整理及記錄這些知識。不過如同我們在 P.43 中所提到的，1990 年代中期，搜尋引擎的誕生使網際網路爆發性地普及至每個角落。到了 2000 年代，隨著網站數目的增加，人們得以快速獲取大量資料。於是人們將語言資料一股腦地丟給電腦，讓人工智慧**自己尋找每個概念之間的關聯性**，而這種方法也獲得了一定的成果。

　　我們將會在第四章中介紹所謂的「**本體論**」。這個領域中，研究的是**各個概念之間的關係如何作為知識被記錄下來**。將各個概念的關聯當作事物的「意義」讓電腦記錄下來，這可說是一大工程。

> 人類在聽到一個單字時，除了理解這個單字的意義之外，也會聯想到其他與這個單字有關的單字。這對人類來說似乎很理所當然，但要讓電腦做到相同的事就沒那麼容易了…。不過，就算不明白單字的意義，人工智慧還是能回答出益智問答節目上的問題喔。究竟是怎麼回事呢，馬上來看看吧～。

　　IBM 華生在 2011 年參加美國的益智問答節目「**Jeopardy！（危險邊緣）**」，與過去人類冠軍進行益智問答比賽，最後贏得勝利，一夕成名。

問答系統「華生」獲得**勝利！**

由於華生能夠回答各種問題，使一般人產生誤會。事實上，華生本身並不是**在理解這些問題的「意義」後做出回答**。而是將問題中所包含的關鍵字，或者是可能與問題有關係的關鍵字**以非常快的速度在資料庫中搜尋可能的答案**。這種方法與過去的回答問題技術相同，僅使用了一般的機器學習方法大量學習，以提升其精確度。

因此，IBM 並**沒有把華生稱作人工智慧**，而是「認知計算系統（Cognitive System）」或「認知計算電腦」。

「Cognitive」是認知的意思。一般人或許很難理解「就算不能理解問題的意思，也能夠回答出適當的答案」是什麼樣的概念，然而對人工智慧來說，理解文句的意思是非常困難的事。

要讓人工智慧理解文章的脈絡是一件很難的事。人類能夠分辨多義語在不同句子中分別代表什麼意思，然而人工智慧卻不擅處理。

以日文多義語為例，「**媽媽在 age（炸）tako（章魚）**」，一般人應該可以立刻會意到是「在炸章魚」；而如果聽到「小孩在 age（放）tako（風箏）」，便會想到「在放風箏」。不過電腦卻很難分辨兩者的差異。

此外，如果這段話出現在公園，也可以解釋成媽媽「在放風箏」。然而這是在考慮到對話地點等其他資訊才能做出的判斷，對人工智慧來說更加困難。

潛在語義分析是什麼？

自人工智慧誕生以來，人們一直讓電腦使用統計方法處理文字意義的分析。

為了讓電腦能夠處理具有多種意義的字詞，在自然語言處理領域中，發展出一種稱作「潛在語義分析（LSA；latent semantic analysis）」的統計方法。我自己的研究也偶爾會用這種方法。

這種方法有點複雜，簡單來說，就是將每個單字配置在一個大規模的多維空間中，以空間距離來表示任意兩個單字**意義間的距離**。

對某個單字 A 來說，在**意義上有著強烈關聯性**的單字，將會被配置在**空間中單字 A 附近**。而這個空間則是在統計大規模文件中各單字的出現頻率與共同出現頻率等資訊後，自動建構出來的意義空間。

不同的文件種類所製作出來意義空間也會有所差異。使用**報紙**內容製作，得到的就是這個字「在正式文件中的意義」；如果是用**對話**內容來製作，得到的則是這個字「在對話中的意義」。雖然我們可以藉此將這些字的使用場合納入考慮，但畢竟我們只是藉由「**愈常一起出現的單字，在意義上的關聯性愈強**」這樣的概念建構出這套系統，並不代表這套系統像人類一樣知道每個單字的背景，以及與這個單字相關的各種知識，對於單字的理解仍不比人類高明。

 # 東 Robo 君放棄的理由

為了將 1980 年以後逐漸細分的人工智慧領域再次整合起來，開創展新局面，於 2011 年以日本國立資訊科學研究所為核心，開始了「讓機器人考進東京大學」的計畫。然而卻在 2016 年 11 月宣布，「東 Robo 君」將放棄東京大學入學考試。

雖然東 Robo 君有 80% 以上的機率可以通過 23 所國立大學、512 所私立大學的入學考試,且在東京大學二次試驗模擬考試理組數學的偏差值 * 也拿到 76.2 的好成績,但東京大學入學考試國語科目中,有許多需要理解文章脈絡才能回答的問題。東 Robo 君不擅長處理需要「**對文字意義有深刻理解**」才能推論出答案的問題。

2016 年日本大學入學考試中心試驗模擬考(畫卡式)

科目	得分	全國平均	偏差值
英語(閱讀)	95	92.9	50.5
國語 (現代文+古文)	14	26.3	36.2
英語(聽力)	96	96.8	49.7
數學 I A	70	54.4	57.8
數學 II B	59	46.5	55.5
世界史 B	77	44.8	66.3
日本史 B	52	47.3	52.9
物理	62	45.8	59.0
合計滿分為 950 分	525	437.8	57.1

文章的意義好難理解啊…

東Robo君

*譯註:偏差值為日本判斷學力的指標,以 50 表示平均值,每增減 10 表示多於或少於平均值一個標準差。一般認為偏差值 70 以上就很有機會考上東京大學。

出處:機器人可以考得進東大嗎。Todai Robot Project(http://21robot.org/)

 以上是東 Robo 君的成績。看來英語和國語對它來說相當困難呢…

不過研究報告指出,Google 機器翻譯性能愈來愈高,且**國際間以人工智慧處理語言意義的競爭正如火如荼地展開**,這方面的進展相當值得我們期待。

 本段談到人工智慧並不擅長處理文章的「意義」。接下來讓我們稍稍改變主題,來談談五感中的「味覺、嗅覺、觸覺」吧,這些身體上的感覺也是人工智慧難以處理的資訊喔~

為了變聰明，
五感是必要條件？

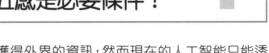

人類可透過**五感**來獲得外界的資訊，然而現在的人工智能只能透過五感中的**視覺與聽覺**來獲得外界資訊。

或許有人會覺得，人工智慧存在於電腦中，故不需要觸覺、味覺、嗅覺。事實上，能透過這些感覺來接收周圍的資訊，正是人類能夠表現出明確行為的關鍵。

在 P.63 中我們提到，無法讀懂文章脈絡的人工智慧，在與人類對話時很容易陷入「不會看氣氛」的窘境。

若進到一個有許多人在熱烈討論議題的會議室內，或者是正在舉行盛大派對的房間內時，會讓人有「很熱」的感覺；而在回到家時，看到和善的家人或朋友的瞬間，會有「很溫暖」的感覺。與人對話時，如果覺得氣氛「很冰冷」，就會謹慎地選擇用詞。由此可知，人類懂得如何看氣氛決定說話方式。

與想要說服的對象一起用餐時，會點一些對方喜歡吃的東西，讓對方比較能接受自己的意見；約會時擦在身上的香水能夠吸引對方注意，說不定還比語言有效。

對人工智慧來說，什麼是味覺？

由於目前人工智慧只能搭載在機器上，故讓人工智慧藉由「**味覺**」來獲取資訊的意義並不大。不過人工智慧仍能在味覺上協助人類，像是**計算要用哪些材料、用什麼樣的方式料理，才能做出人類會覺得好吃的味道**。

IBM 華生主廚在這一點的表現上相當有名。它累積了專業廚師所製作的 9,000 份以上的食譜，包括食材資訊以及其評價，再透過排列組合與邏輯推論，揉合出人類應該會覺得好吃的**食譜提案**。也就是說，這項功能其實**只是使用了語言的資訊**。

這和以相機進行與人類相似的視覺資訊輸入、以麥克風進行與人類聽覺相似的聽覺資訊輸入有很大的不同。

 # 對人工智慧來說，什麼是嗅覺？

那麼「嗅覺」這種生理上的感覺又是如何呢？

剛才提到香水的例子。當聞到香水味，可能會想起過去的戀人；當抱起嬰兒聞到味道，可能會想起自己孩子還是嬰兒的樣子；當聞到榻榻米的味道時，可能會想起旅行時發生的種種回憶。氣味有著讓人回憶起相關記憶的力量。

作家馬塞爾‧普魯斯特曾在著作中以令人印象深刻的方式描述這種現象，稱作「**普魯斯特現象**」。嗅覺與記憶之間的密切關係公認為與「脈絡相依記憶」有關，從 1970 年代起，研究者便開始進行各種實驗。

如果想要製造出能和人類在同一個場所共同生活，且會彼此交流的人工智慧，讓人工智慧具有和人類一樣的嗅覺能力似乎是必要的。不過目前可以運用在嗅覺上人工智慧，大概只有**氣味感應系統之類，能夠識別大氣中各種氣味分子的儀器**而已。

某些研究中，會在儀器識別氣味之後，將相關資訊**藉由網路傳送到遠方後再現出氣味**。這種系統又被稱作**嗅覺顯示器**，就算沒有看到實際的物體也能呈現氣味。

 嗅覺顯示器的範例，可提升臨場感。

這種嗅覺體驗感覺很有趣耶。想必人們聞到很香的味道時，也會開始覺得餓了吧。

是啊～除了娛樂產業外，也有人想把它應用在醫療產業上。在嗅覺能力的測定上應該很有用喔。

氣味在未來
有哪些相關發展？

從 1980 年代後期開始，「**智慧型感應器**」逐漸開始普及。智慧型感應器不僅可用在瓦斯漏氣的感應上，也可以作為氣味識別工具，開發出各種氣味的感應器。

與視覺和聽覺相關資訊相比，與嗅覺相關的人工智慧研究較晚起步，但**氣味相關產業**很多，故一般認為未來的開發速度將會變快。

感官檢查，也就是使用人類的五感進行產品管理。其檢查結果會受到判定者的身體狀況左右，且進行檢查的時間越長會有感官疲勞的問題。而機器不會有疲勞的問題，故很適合應用在這個領域中。

氣味是由數種化學成分所組成的混合物。當人類的嗅覺受器捕捉到以一定比例混合的各種氣味，再將這項訊息傳至大腦處理，便可識別「這是○○的香味」。

顏色有 RGB（Red、Green、Blue）三原色視覺受器，並由此混合出各種不同的顏色；不過氣味卻有**近 400 種受器**，組合非常多，故要重現出目標氣味是一件相當困難的事。

現在多媒體在**視覺與聽覺上的技術**已相當進步，然而嗅覺的相關技術卻才剛起步。聲音可藉由麥克風錄音再以喇叭播出；影像則可藉由攝影機拍攝再以顯示裝置播映。但重現氣味的裝置似乎還是離我們有些遙遠。

不過，隨著 Virtual Reality（**虛擬實境**）技術的發展，以人工智慧計算氣味成分組合，再以最快速度重現的裝置，即將出現在你我身邊。

近來某些電影院已可以讓觀眾體驗到「氣味」。未來，說不定也能利用家裡的個人電腦、遊戲機感覺到氣味喔…？

對人工智慧來說，什麼是觸覺？

　　除了味覺與嗅覺以外，與「智慧」有關的感覺中，「**觸覺**」也公認為可以應用在搭載人工智慧的機器上。

　　事實上，位於人工智慧研究與機器人研究之交集領域的**人型機器人研究**，就相當重視**觸覺**。我們於第一章曾提到電影「人造意識」，電影內的人型機器人不只具有味覺與嗅覺，身上也有類似皮膚功能的器官。

　　渡邊淳司先生在 2014 年出版的《誕生於資訊中的觸覺知性》一書中曾提到所謂的「觸知性」，也就是說，「**觸覺是一種知性**」。

　　觸覺不只能讓人掌握**物體的性質**，亦可藉由神經纖維的聯繫，與大腦掌控感情的部位發生作用，**直接造成愉快或不愉快的感情**。我們可藉由碰觸他人或被他人碰觸，「知道」對方的性質。**碰觸他人的一方與被碰觸的一方**之間，會產生強烈的感情。

　　碰觸物體時會有「滑滑的很舒服」、「黏黏的很不舒服」等感覺，進而左右人的偏好。故人們在開發需要碰觸的產品，包括需要與人有肢體上接觸的機器人時，都需考慮到觸覺。

　　對人工智慧來說很難處理的**文意理解問題**，有可能和**人工智慧沒有觸覺**有關。

肌膚接觸 ♥

因此，我們希望人工智慧能像人類一樣透過觸覺獲得資訊。但比起視覺與聽覺感應器的研究，觸覺感應器晚了許多。用來感應視覺的攝影機，以及用來感應聽覺的麥克風皆已相當先進，以人工智慧處理這些資訊的研究也在持續進步中。然而觸覺方面，目前仍停留在研究感應方法的階段。接著就來談談**觸覺工程的實現有哪些困難吧**。

 ## 實現觸覺很困難！

視覺的感應器官是眼睛、聽覺是耳朵、味覺是嘴巴、嗅覺則集中在鼻子，然而**觸覺卻分布於全身**。

舉例來說，我們進入室內會有悶熱的感覺，或者是在突然接觸室外冷空氣時有起難皮疙瘩的感覺，都是因為具備了「察覺空氣變化」的能力。若要在機器上實現，需要**將許多柔軟、輕薄的感應器，與範圍廣大且形狀不規則的皮膚連接，以及處理配線問題**。

視覺與聽覺資訊可以在不接觸物體的情況下獲得，但觸覺必須接觸感應的對象才能獲得資訊，故需要一定的**耐久力**才能承受必要的伸縮與摩擦。

 想要讓機器具有和人相同的觸覺資訊…？

　　視覺和聽覺可以被動接受資訊，但觸覺需要靠手和手指主動接觸對象，或者說需要探索性的動作。而且，為了要掌握震動、熱、接觸面積等資訊，觸覺需要**多功能的感應器**。基本上，人類會藉由接觸面的皮膚變形來感應觸覺，而不同人的皮膚狀態又有著很大的落差，故與視覺及聽覺比較起來，觸覺是很難處理的感覺。

　　相對於**困難的觸覺研究**，我則是利用「**人類在觸碰到某項物品時，會用『光滑』『粗糙』等形容詞來形容物品的性質**」這點，研究這些**連接物理世界、知覺、感性的形容詞**。

　　由於語言化後，人工智慧便有辦法處理這些感覺，故若能以擬聲詞表現出觸覺，也許可以幫助人工智慧在觸覺資訊處理上的發展。

　　此外，如果感應器有辦法獲得與人類觸覺相同的資訊，或許就能夠將人工智慧搭載於超級電腦上，透過人造機器人與外界進行互動了。

哦～～確實，我對於觸覺沒有什麼自信。不過要是有一天我可以體會到臉頰「軟Q」是什麼感覺，應該會很有趣喔。不只是體驗，我也想要試著理解這些資訊。

嗯嗯。要是有這麼一天，那時人工智慧一定也變得相當聰明了吧。要是有辦法獲得觸覺等感覺的資訊，你想做些什麼呢？

我想想，首先我想要聞聞花的味道，然後想摸摸貓咪體會一下毛絨絨的感覺。感覺這樣會讓心情變得很好的樣子，而且至今我無法理解的人類心情和某些詞語的意義，或許到了那時就可以理解囉…

第三章

人工智慧如何從資訊中學習？

到了第三章，終於要開始討論「機器學習」和「深度學習」主題。在這一章中，我們會學到人工智慧是藉由何種學習「機制」，讓自己變聰明的喔～這一章的內容稍微比較難一點，但卻是探究人工智慧時最重要的內容。讓我們放慢腳步，扎實地學習吧～！

午餐時間到了，我去一趟學生食堂。

① ②

食堂？要做什麼呢…？

機器人君應該不需要吃東西吧。

③

下一個目標是那位學生…

由性別、體型、表情、今天的氣溫來推測…

呼～

④ **生薑燒定食！**

請給我一份生薑燒定食。

猜客人要點什麼的遊戲？

哎呀～!原來是在玩這種遊戲啊。順帶一提，機器人君是怎麼猜中客人要點什麼的呢？

嗯…一開始只是每天在一旁觀察每個學生而已。後來我就注意到，體態輕盈的女學生常會點沙拉，而男學生則喜歡有肉的餐點。於是便開始熱衷於觀察他們都點些什麼菜。現在更是有非常高的命中率！看來我是個具有超能力和預知能力的神奇機器人呢。

嗯嗯，確實很厲害耶。機器人君從過去的資料中找出了點餐的傾向，加以「學習」後，用在預測未來的事件上。機器（電腦）可以在學習後，知道面對新事件時該如何處理，也能夠用來預測未來喔。

想要教機器（電腦）如何「學習」！

人類想要變聰明，需要經過各式各樣的學習才有辦法辦到。在開始上學以前，人們就已經開始學習各種事物了。

某天媽媽帶小孩散步時，媽媽指著路上的貓對小孩說「你看，是貓咪耶」，於是小孩理解到這個生物叫作「貓」。之後碰到其他貓時，媽媽也會告訴小孩那是貓。

隨著媽媽的說明次數增加，小孩之後看到其他貓此時不需要媽媽的說明也能夠理解到「啊，這是貓咪！」。這是因為小孩有學習到**貓的特徵**。開始上學後，會學到各式各樣的知識，小孩也可從這些知識中學習到一定的**規則**，了解到**「這種問題就要用這種方式求解」**，學會如何求出**新的問題**的答案。

要讓電腦變得聰明，學習是必要的過程。

因為在學習的過程中，**可以自動找出「貓有什麼特徵」以及「解題方法」**，**即使遇到沒看過的問題也能夠解決。**

　　為了讓工程師在編寫程式時，不需將世界上所有貓的資料都輸入電腦，不需考慮所有可能情形，不需一一告訴電腦各種情形下該如何判斷，「**機器學習**」方法應運而生。機器學習讓**電腦**有辦法自動處理龐大的作業量，**自動學習事物的特徵或規則**。

> 讓機器（電腦）自己學習，所以才叫作「機器學習」嗎。就像剛才的小孩學習什麼是貓一樣，電腦也可以學習各式各樣的知識，愈來愈聰明喔。快讓我學習各種事物吧！

　　機器學習大致上可以分為「**監督式學習**」、「**非監督式學習**」、「**強化學習**」等三種。接下來我們將會依序說明這三種機器學習。

監督式學習

　　監督式學習中，會將**資料與答案的配對**輸入電腦，讓電腦學習資料的特徵與規則。

在監督式學習中，資料與答案的配對是必要的！

首先，資料是必須的，需準備大量且多樣的影像資料。

如果要做文字辨識的學習，則需準備數千至數十萬字的資料。

除了影像資料之外，還需準備**與每一個影像資料對應的答案**。「**這個是〇〇**」像這樣為每個影像**加上答案標籤**。

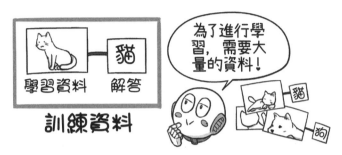

像這種「資料與答案的配對」，稱作**訓練資料**、**監督式學習程式**、**監督式學習器**等。

監督式學習就是從大量的配對資料中，找出共通的**特徵**，並歸納出「具有這個特徵的影像，就是〇〇」的**規則**。

如果要訓練文字或圖像的識別，就餵給電腦圖像；如果要訓練聲音識別，就餵給電腦聲音。**只要能夠輸入至電腦內，電腦都有辦法學習。**如同我們在第二章中所提到的，資料可分為電腦擅長處理的資料與不擅長處理的資料，不過只要有辦法把資料輸入至電腦內，都可以讓電腦學到東西。

不管是什麼東西電腦都學得起來，真是讓人躍躍欲試呢。只要給電腦大量貓圖像的訓練資料，就能讓電腦學到「這是貓！」了。既然如此，應該可以學得到更複雜的知識吧。像是「這是暹羅貓」、「這是波斯貓」等，貓咪種類應該難不倒電腦囉。

 沒錯！一想到「可以讓電腦學些什麼呢？」這個問題，就會有很大的想像空間呢！人工智慧在許多領域中似乎都能派得上用場的樣子。

分類問題＜判斷垃圾郵件＞

監督式學習大致上可分為**分類問題**和**回歸問題**。

垃圾郵件的挑出即為分類問題的典型例子。系統會訂出「**要是內容有這個單字就扣 0.25 分、內容有這個單字的話就加 0.53 分…**」等規則為每一封郵件打分數,**若分數合計在 0 分以下,則被視為垃圾郵件。**

我們人類看到這些郵件時,會自己在心中判斷「**這郵件有點可疑**」,或者「**這郵件沒有可疑之處**」。當我們看到信件內有奇怪的單字,就會覺得有點可疑。像是馬上可以賺大錢、來自陌生異性的誘惑等等,要是出現有這些特徵的單字,我們心中就會覺得「好可疑…」,而打上負面評價。而來自同事或朋友的信件多是用一的單字排列而成,讓我們感到「安全」,而打上正面評價。為了讓電腦具有這種像人類的判斷能力,需將評價數值化成分數。

順帶一題,這裡說的分數,在機器學習中稱作「**權重**」。**輸入的資訊會與權重相乘**,再進行下一步驟。

那麼,該怎麼知道每個單字的權重分別是多少呢?首先蒐集大量的一般郵件與大量的垃圾郵件。接著分析這兩組文件中分別**包含了哪些單字**,並賦予這些單字分數(權重)。監督式學習的目的,就在於**找出一組適合的權重**,使系統能夠準確地將普通郵件與垃圾郵件分開。

就像是在教會電腦「這個是普通的郵件、這個是垃圾郵件」一樣,**由人類將正確答案告訴(輸入)電腦,再讓電腦自行找出能準確分類郵件的適當權重。**

決定權重之後,接下來只要依照這個規則分類就好。就算人類不再繼續教導電腦,電腦也能迅速地分類郵件。

監督式學習可以用來篩選出垃圾郵件！

　　在訓練辨識貓咪圖像的 AI 時，也是利用「這是貓、這不是貓⋯」的教學，讓 AI 學會如何辨識貓。

　　而在聲音辨識 AI 中，則可藉由「這個是 a、這個是 i⋯」讓 AI 學會聲音辨識。

嗯嗯，我學會如何處理分類問題囉，這樣一來我也會愈來愈受歡迎吧，說不定可以靠實實在在的買賣賺進好幾億⋯唉呀！好像因為讀太多垃圾郵件，腦袋變得怪怪的！

回歸問題<預測數值>

分類問題是將輸入的資料**分成不同類別**，像是「分成普通郵件和垃圾郵件」、「判斷輸入的影像是貓還是狗」、「判斷輸入的文字是五十音的哪一個」等。

而「**回歸法**」還能夠**預測出數值**。

舉例來說，我們可以將人臉照片依「漂亮或不漂亮」分成兩類，不過如果想要**估計出美貌度的數值，如－ 0.5 或＋ 3**，就必須使用回歸法才能輸出實數。

天氣也一樣，我們可以將天氣預測依「晴天、陰天、雨天」分成數類，不過如果想要「**預測出明天的氣溫是幾度**」，就要使用**回歸法**。此外，我們也可以藉由股價的資料，預測「**股價上揚的機率為多少**」，這類**機率問題**很常用回歸法來解決。

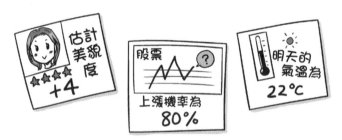

所謂的回歸問題，就是從資料群中求出一條**能夠準確說明這份資料的趨勢線**。

能夠準確說明這份資料的趨勢線…？究竟是什麼意思呢？讓人有些在意耶。不過接下來似乎就會詳細說明囉。

找出適當的直線（函數）！

那麼接下來，就讓我們來看看回歸問題是怎麼回事吧。首先讓我們來回憶一下國中所學的「一次函數」。

POINT

· **函數**指的是當確定了某一邊的數值（變數 x）之後，另一邊的數值（變數 y）也會跟著確定下來的對應關係。

· 函數圖可用來表示 x 與 y 之間的對應關係。

· 以下圖為例，**一次函數**畫成圖之後會是一條**直線**。

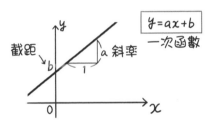

· a 叫做斜率、b 叫做截距。只要**調整 a 和 b 的數值**，就可以改變直線圖形的傾斜程度和位置。

· 這裡的 a 和 b 是輔助用的變數，又稱作**參數**。

那麼，就讓我們以**天氣**為例，說明回歸問題是怎麼回事吧。

我們可以從日本氣象廳取得每日降雨量、溫度、濕度、氣壓、風向等氣象資料，將數千日的資料整理好，作為訓練資料輸入至系統內。

如此一來，便能得到一條可用來**預測次日降雨量**的回歸式。

提到回歸式可能會讓人覺得有些困難。可以先回想一下我們國中時學到的**線型函數（一次函數）**，假設我們想利用**溫度、濕度、氣壓、風向等變數**的數值來**預測降雨量這個變數**，列出一條式子。

在兩個變數為直線關係的假設下，**由一個變數的數值**來預測、說明另一個變數的數值，稱作**簡單回歸**，可用以下的方程式表示。

$$y = a_1 x + e$$

不過像天氣預報這種需要**多個變數**才能進行預測時，就必須用到下面這種**複回歸式**。

$$y = a_1 x_1 + a_2 x_2 \cdots + a_n x_n + e$$

降雨量　溫度　濕度　…

嗯嗯。在預測「降雨量」此時如果只將「溫度」納入考慮，感覺很難預測得準呢。因為兩者的關係並不像「溫度越高，降雨量就越高」這麼單純。如果把「溫度、濕度、氣壓、風向」等各式各樣的資料都考慮進來，應該能大幅提升預測準確度。

在這個方程式中，為了讓降雨量的預測更為準確，會在訓練時調整 **a（溫度、濕度等各個變數的權重，也就是這些因素對降雨量的影響程度）的大小**，以找出最適合的數值。

「溫度、濕度、氣壓、風向」等因素對於「降雨量」分別會造成多大的影響呢？我們可能會有「濕度越高，降水量應該會越高才對」、「風向應該對降水量沒什麼影響吧」等想法。在調整 a_1、a_2、a_3…的數值後，可以得到許多不同的方程式，且各個因素在不同方程式中的影響力也有所不同。而我們的目標就是找出一條式子，使各因素的影響力能與實際的「降水量」資料吻合，加油吧～！

「調整 a 的大小」一詞乍看之下似乎有點讓人難以理解，讓我們用圖來表示吧，以下是一個一次函數。

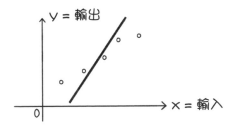

上圖中，和直線有段距離的點似乎太多了些。

這表示方程式（上圖中地直線）無法準確地預測出實際降雨量（資料點）。為了讓這些點盡可能地貼近直線，我們可以試著調整直線的斜率。

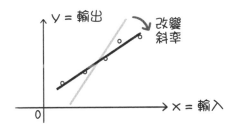

這麼一來，終於讓直線和資料點收合在一起。像這樣，讓電腦自動找出符合這個條件的直線，也是一種**機器學習**。試著改變構成函數之**多個參數**（權重 a_1、a_2…、截距 e）的大小，從中找出最符合資料的組合，**將所有資料以單一個函數來表示**，便能**精準地預測**出會受到許多因素影響的降雨量大小。

也就是說，直線就是方程式，也是函數。而且，只要找出能與實際上的資料吻合的函數（建構出適合的方程式），就能明白這些資料所蘊含的規則性與真理。換句話說，只要找出函數，我們就可以預測未來囉！

過度學習

在監督式學習中有一個很重要的問題，就是「如何提高**泛化能力★**」。

在監督式學習中，常發生訓練出來的模型能夠準確描述**訓練時用的資料（訓練資料）**，但實際用來預測**未知資料（測試資料）**時，卻又無法準確描述變數的對應關係。

我們把這種「能在輸入訓練資料時獲得正確答案，卻對未知資料沒轍」的狀態稱作「**過度學習**」。就像是沒有理解意義，只是一味死記課本內容的學生一樣。

我們想建構的是，**不僅在處理預先準備好的訓練資料時能夠回答出正確答案（解得出考古題），處理第一次看到的新資料時也能回答出正確答案（在真正的考試中可以拿下分數）**的學習系統。

一般認為，**參數越多，想用越多因素描述應變數的模型★**，越容易發生過度學習的現象。故在建構模型時不要太過貪心，將參數限制在一定數目內，是一種防止過度學習的方法。

 泛化能力指的是能夠描述未知資料的能力，也就是一般化、普通化的能力。
模型指的是「利用各種因素與它們彼此間的關係，以公式化的方式來描述某個現象」。

　　另外，要是**模型中有個參數的數值特別大**，當輸入的資料稍有改變時，就會得到落差很大的結果。故有些研究中，如果參數與 0 相差太多便會施以懲罰，以抑制過度學習的效果。

　　建構模型時請準備充分的測試資料（未知資料），以防止過度學習的產生。

也就是說，變因太多，參數值過於極端的話都不是件好事。以剛才提到的降雨量為例，「溫度、濕度、氣壓、風向…」可能的變因有幾十個，如果溫度這個參數明顯比其他參數大太多，感覺就很容易造成過度學習的樣子。

 沒錯沒錯，看來你已經確實理解這些內容了呢。那麼，雖然佔了不小的篇幅，「監督式學習」就在此告一個段落囉。接著讓我們來談談「非監督式學習」吧。

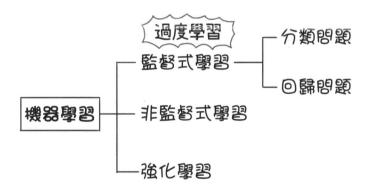

非監督…難道坂本老師不在一旁監督嗎？好想快點知道這是什麼樣的學習方法。

什麼是非監督式學習？

監督式學習中，會將「輸入資料與答案資料的配對」大量輸入至電腦，目的在於讓電腦回答出正確答案。

然而世界上有許多問題，**連人類都不曉得正確答案。**

機器學習領域中的「**非監督式學習**」方法，就是**讓電腦分析一堆連不知道正確答案的資料，由電腦自行找出資料的結構與規則。**

操作者不需將輸入資料與正確答案建立配對，只要將原始資料全部丟進電腦哩，電腦就會自行分類。

當「已被分類好的答案」在準備上有困難時，**把「分類工作」本身也交給電腦處理！**這就是非監督式學習。

非監督式學習中, 不需要準備資料與答案的配對。

　　舉例來說，企業**依類型為客戶分類**時，就會用到非監督式學習。一開始我們沒有辦法為客戶貼上答案正確或答案不正確等標籤，而且，即使我們手上有問卷調查結果或購物網站的購買紀錄，但因為這些資料卻相當龐大，要從這些資料中掌握每位客戶的偏好會是一件很費工夫的事。

　　這時就會使用非監督式學習，讓電腦自行將客戶分成不同類別，如此一來，就能向各個不同類別的客戶介紹適合他們的商品，也就是我們常看到的「**商品推薦**」服務。

> 網路上的購物網站常會出現的「你可能會喜歡這些商品！」等等符合自己喜好的商品介紹，對吧～

　　讓我們回頭看看之前說明「監督式學習」時舉的**郵件分類**例子吧。在進行監督式學習時，我們需要在訓練階段就和電腦講明「這個是普通郵件」、「這個是垃圾郵件」、「這個是…」也就是說，我們要把已經分類好的資料交給電腦學習。

　　不過，郵件還可以細分為很多種類，像是「騷擾郵件」、「工作相關郵件」、「朋友寄來的郵件」、「老師寄來的郵件」、「新聞等資訊郵件」、「商品介紹郵件」等，有許多不同的分類方式。

　　如何分類郵件？將這個問題也交給電腦處理，說不定還能夠發現更好的郵件分類方法喔。

把資料分成多個群集吧！

　　對於沒有正確答案的資料，在「進行分類」的方法中，「**群集化**」是一種很具代表性的方法。接著就讓我們來介紹這種方法吧。

　　群集化是一種在拿到資料後，**將資料中相似的東西集合在一起的方法**。下面的例子中有各式各樣的圖形，是經常拿來說明這種分類方法的經典例子。

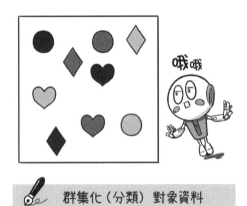

群集化（分類）對象資料

　　每一個圖形都是一筆資料，而每個資料都有數種屬性。

　　這是一個視覺上的例子，相對容易理解。大致看過去，馬上就知道這些圖形有顏色與形狀等屬性了。而在群集化這些圖形，或者說將這些圖形分成數個集合時，**並沒有說哪一種分類方式是正確答案**。由次頁的圖我們可以看出，分類方式不只一種。

　　A 是依**形狀**分成**三類**、B 是依**顏色**不同分成**三類**。

　　除此之外還有其他分類方法，像 C 就是依「**是否有圓弧**」進行分類，而 D 則是依「**是否為撲克牌花色**」進行分類。並沒有說哪一種分類方式是正確答案，每種分類方式都行得通。

為什麼父母的愛令人痛苦

完美的親子關係只是幻想

日本心理學專家

信田小夜子 著

世茂出版／定價300元

Super教師的翻轉教室

讓 每 個 孩 子 都 發 光

「學生不愛聽課，是老師不會教！」
Super老師施勁勁意快樂教學，
掌握孩子的人生教鞭，啟迪孩子的天性，
驚在課堂內，等個人都發著耀！

曾明騰 (Mr. T)

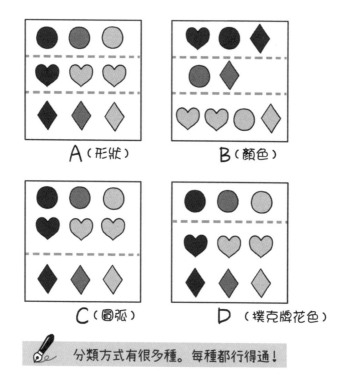

A（形狀）　　B（顏色）

C（圓弧）　　D（撲克牌花色）

分類方式有很多種。每種都行得通！

　　因此，群集化這些沒有正確答案的資料的目的，就在於**以易懂（易觀看）的方式顯示這些資料隱含了什麼規則**。至於「由分類結果可以看出什麼，又該如何解釋」，就完全交由人類處理。

　　由於分類方式有非常多種，故在進行群集化時，需設定**前提**。

　　舉例來說，如果一開始設定「每個集合需包含數量相同的圖形」這樣的條件，那麼電腦就會告訴我們「A 是最佳的分類方法」。

k-means 分類法

　　而在許多**群集化**的方法中，**k-means** 是一種應用領域相當廣泛的典型方法。

　　k-means 這個方法的前提是，**讓每個群集都含有相同數量的資料**。但要是把不適合這個前提的資料拿來用這種方法分析，有可能會得到令人難以理解的結果。

　　而且，操作者必須在一開始就指定系統要將資料分成幾個群集。如果指定**群集數為 4**，系統就會**把資料強制分成四個類別**。

依照設定的群集數分類的示意圖

如果把日本 47 個都道府縣（縣市）的資料分成兩個群集，每個群集就有 23 個資料左右；如果分成四個群集，每個群集就有 12 個資料左右是嗎？

正是如此。不過，要是強制為資料分類，很有可能會得到令人難以理解的結果喔～順帶一提，k-means 的「k」，是來自於指令「將資料分成 k 個群集」。

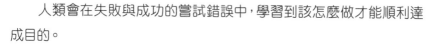

強化學習是獎賞與懲罰

　　人類會在失敗與成功的嘗試錯誤中，學習到該怎麼做才能順利達成目的。

　　同樣的，我們也可以讓電腦**藉由嘗試錯誤的方式，經歷多次失敗與成功後學習到東西**。這種方式又叫做「**強化學習**」，是一種強迫電腦「**習以為常**」的方法，與監督式學習比較，較接近「非監督式學習」。

　　失敗會被斥責、受到損失，成功則會得到褒獎、獲得大筆金錢等獎賞。因此我們會抱持著「想要成功」的心情去學習事物。

　　同樣的，我們在訓練電腦時，也可以指定我們的訓練目標為獲得高分。而在電腦的試誤過程中，**失敗了就處罰、成功了就獲得分數**，讓電腦能夠一步步地朝著目標前進。

　　在老鼠和猴子等動物的學習實驗中，會在動物執行某項動作（扳動控制桿）的時候給予**獎賞（食物）**，或者給予**懲罰（通電流）**，以促進動物的學習效果。

　　一開始動物會任意行動，當牠在某個契機下，發現某個行動會讓他受到懲罰，就會盡量不去做那個行動；而當牠發現某個行動可以獲得獎賞，就會想著該如何獲得更多獎賞。於是**在一系列的嘗試錯誤後，動物便能發現其中的規則，獲得學習。**

　　讓電腦執行這樣的過程，就是所謂的「**強化學習**」。當主角換成電腦時，會用以下的流程進行學習。

① 一開始電腦什麼都不知道，故會隨機行動。

② 當電腦在某個情況下獲得報酬（分數增加），就會記錄何時、做了什麼事、可獲得報酬，將**行動與報酬配對後記憶**。相反的，要是在某個情況下受到懲罰（分數減少），就會記錄何時（在什麼條件下）、做了什麼事會受到懲罰，將**行動與懲罰配對並記憶**。

③ 接下來，電腦會基於之前的記憶，在保持一定的隨機性下，嘗試**可能會獲得報酬的行動**。

④ 當電腦嘗試可能會獲得報酬的行動，且如其所料真的獲得了報酬，又會再一次地記錄何時（在什麼條件下）、做了什麼事、可獲得報酬，再一次地將行動與報酬配對後記憶。也就是**強化了這個行動與報酬的配對**。

　　反覆執行以上流程後，電腦會變得愈來愈聰明，**是一種很接近動物大腦的學習方法**。

　　事實上，有人認為動物的大腦基底核部分可能就是用這種方式進行強化學習。

3.2 類神經網路是什麼？

聽說人類的學生會做『預習』和『複習』。

為了學習人工智慧，我也來認識一下人類的腦吧。

【Neuron】

人類的腦內居然有這種奇怪的寄生蟲…太可怕了…

唉呀，看來機器人君好像有什麼奇怪的誤會呢～神經元雖然外形很奇怪，卻不是寄生蟲喔！那是腦的神經細胞。

這樣啊，真是太丟臉了。因為想學習「人工智慧」，就想先預習一下人的腦內是甚麼樣子。那個叫做神經元（大腦神經細胞）的東西，和 AI 有關係嗎？

當然，接下來要講的「類神經網路」，就是在電腦中模仿人的腦袋結構所建構出來的東西。類神經網路就是由「神經迴路網」構成的喔。

神經元建構的腦

　　至今我們仍未完全瞭解人類的腦是如何運作的。由我們目前所知道的資訊看來，腦本身並非一開始就有驚人的記憶力、計算能力、識別能力，一般認為，大腦是藉由數量龐大，可能超過 300 億個的**神經元（腦神經細胞）以各式各樣的方式連接**，藉由**訊息的傳遞與處理**，進而產生記憶、計算、思考、識別事物的能力。

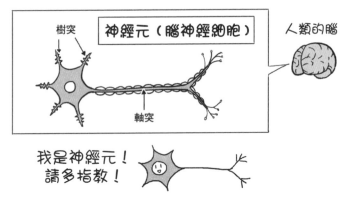

　　從很久以前開始，腦神經科學的研究便已盛行於全世界，不過，要完全瞭解人類腦部的機制，還有很長一段路要走。而人工智慧，卻是在研究如何利用電腦創造出智慧（在腦部運作下形成的東西），仔細想想，這樣的研究不是很神奇嗎？

　　接著就讓我們來談談**以電腦模仿人類腦部運作機制所建構出來的**「**類神經網路（Neural Network）**」吧。

想要模仿腦部機制，必須先瞭解神經元的運作方式。讓我們來看看腦神經是如何運作的吧，這些都和 AI 的機制有關係喔～

「**類神經網路**」是我們以電腦模仿人類腦部結構所建構出來的東西。一般認為，腦是由神經元所組成的巨大網路。而用以組成網路的神經元數量非常的多，有人說這個數字在 300 億以上。

神經元的工作包括資訊處理、與其他神經元的資訊傳輸（輸入、輸出）。而神經元則藉由**神經傳導物質與突觸的結合**，完成與其他神經元之間的資訊傳輸。這樣的機制與智慧的形成息息相關。

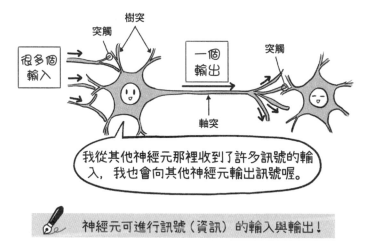

神經元可進行訊號（資訊）的輸入與輸出！

「突觸」是神經元與神經元連接、接觸的部位。神經元之間有許多連接處，不過並不是在物理上直接相連，而是藉由突觸，以電訊號傳遞訊息，進而達到連接神經元的效果。

從很久以前開始，人們便認為像這樣模仿人類的腦而建構出來的機制，「理應該可以做出類似人腦的電腦程式」。

人工神經元的結構

　　1943 年，沃倫·麥卡洛克（Warren McCulloch；1898-1969）與瓦爾特·皮茨（Walter Pitts；1923-1969）提出「**人工神經元**」的**數學模型**。在這個模型中，一個神經元會接收來自其他的神經元訊號，並依照訊號的總量決定是否要興奮。

　　人類的腦由神經元建構而成，而他們想做的就是**以電腦重現神經元的工作模式**。在這之後，許多研究人員也試著將人工神經元進行各式各樣的排列組合，嘗試製作出更聰明的電腦程式。現在當紅的深度學習，也是以人工神經元的發明為起點，陸續發展出來技術之一。第三章中，我們也會提到一些深度學習的歷史。這裡就讓我們再多講解一些**「人工神經元」**的思考方式吧。

　　動物神經元（神經細胞）會藉由大量樹突獲得輸入訊號，再藉由單一軸突輸出訊號。**平常狀況下，即使有幾個訊號輸入，也不會輸出任何訊號；但如果短時間內有大量高強度的訊號輸入，神經元就會透過軸突向其他神經元輸出訊號。**這個狀態又叫做**「興奮」**。

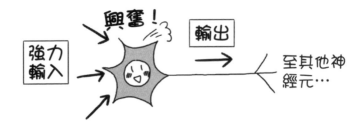

輸入訊號弱，什麼事都不會發生。輸入訊號強，就會讓神經元興奮，並輸出訊號至其他神經元。輸入訊號的強弱，會影響到輸出訊號的有無。類神經網路所模仿的就是這樣的現象。

　　實際上動物神經元的運作更複雜，而麥卡洛克與皮茨決定將細節先擺在一邊，先想辦法製作出最簡單的神經元。這就是「**人工神經元**」的由來，而這個世界第一個人工神經元，又被稱作「**典型神經元 (formal neuron)**」。

　　請參考下圖。人工神經元（典型神經元）就像真正的神經元一樣，有**許多個輸入管道**及**一個輸出管道。輸入可以是 1 或 0，輸出也可以是 1 或 0。**在動物的神經元中，由電訊號的量決定訊號強度，而為了在電腦上實現，改以 1 和 0 的數值來代表訊號。

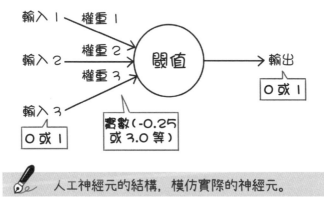

人工神經元的結構，模仿實際的神經元。

　　雖然從輸入到輸出的過程和實際神經元的處理方式類似，不過人工神經元中的每一個訊號輸入值都會對應到一個「**權重**」值。**權重並非 1 或 0**，可以自由設定成任何實數，像是 -0.5 或 3.6 等。接著將所有輸入值分別乘上權重值，再加總起來得到結果。**若加總的結果在一定值以上，輸出就是 1；若在一定值以下，輸出就是 0。**這就是簡化後的類神經網路。

　　所謂的一定值，指的是各個神經元的「**閾值**」，是神經元本身的屬性之一，是基於以下的規則所設定出來的數值：

訊號總量≧閾值→興奮

訊號總量＜閾值→不興奮

當時的人認為，這種人工神經元結構雖然簡單，只要以適當方式排列組合，並適當地調整權重，讓其在電腦中運行，就能處理許多問題。而這種**人工製作的神經元**之排列組合，就稱為**類神經網路**。

 ## 權重代表重要度與信賴度

類神經網路中常會提到「**權重**」這個詞，以一般用語解釋，就是指「**重要度**」或「**信賴度**」的概念。清水亮先生在著作中介紹這個詞時，用淺顯易懂的「謠言傳播」來比喻。

假設 C 有 A 與 B 兩位朋友，A 說某部電影「很好看」，B 則說這部電影「不怎麼好看」。聽到這些意見的 C 決定親自去看看這部電影，若 C 看完後覺得不怎麼好看，就會降低對 A 的意見的**信賴度（權重）**。之後就算 A 說「這個漫畫很有趣喔」，C 也會因為這是 A 的意見而不怎麼相信。

不過，如果 B 也說「這個漫畫很有趣喔」，C 會因為 **A 和 B 都說這個漫畫很有趣**，開始覺得**這個漫畫說不定真的很有趣**。而在 C 讀過這個漫畫後，也確實覺得很有趣，於是**興奮**地將這個資訊傳達出去。這就是處於「**活化**」狀態下的神經元。

C 與 A 和 C 與 B 的連結，皆有不同的「權重」，將這些數值加總起來，**要是資訊與信賴度的總和在一定值以上，就會使C活化**。

赫布理論

像人工神經元的簡單的東西，也能完成很厲害的工作。在人類迎來第一次人工智慧熱潮的 1958 年，法蘭克·羅森布拉特（Frank Rosenblatt；1928-1971）提出了「**感知器**」的概念。感知器是基於剛才提到的「人工神經元」運作機制，加上 1949 年心理學家唐納德·赫布（Donald Hebb；1904-1985）發表的「**赫布理論**」組成。

赫布理論中提到「**若突觸前後的神經細胞同時興奮，則會強化這個突觸的連結**」這個規則。

動物神經元（神經細胞）分工很細，有些神經元只在看到紅色時會興奮、有些神經元只在看到圓形時會興奮、有些神經元只在嚐到酸味時會興奮，因此神經元依產生興奮的對象，可分成不同類別。

舉例來說，當我們吃到「酸梅」時，對紅色感到興奮的神經元、對圓形感到興奮的神經元、對酸味感到興奮的神經元會同時興奮起來；另一方面，對白色感到興奮的神經元、對三角形感到興奮的神經元、對甜味感到興奮的神經元都不會興奮。此時，**同時興奮起來的神經元之間的連結就會被強化，然而興奮的神經元與沒有興奮的神經元之間的連結就會被弱化**。這就是赫布理論。

即使沒有吃，只有看到酸梅紅色圓形的外表，就會感覺酸酸的。這也是因為**與酸梅的顏色形狀相關的神經元**和**與酸味相關的神經元**之間連結很強的關係。

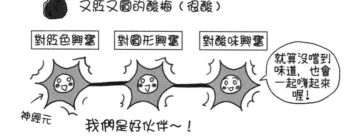

又飯又圓的酸梅（很酸）

對紅色興奮　　對圓形興奮　　對酸味興奮

就算沒嚐到味道，也會一起嗨起來喔！

神經元　　我們是好伙伴～！

什麼是感知器？

利用剛才曾提到的赫布理論，以數學邏輯描述神經元間的連結，便可建構出「**感知器**」模型。感知器的結構包括**兩層彼此相連的人工神經元**（形式神經元）。

從前的人工神經元只能輸入 0 和 1 的訊號，但現在的感知器卻**可以輸入實數**。而感知器的一大特徵，就是可藉由**調整連結強度（權重），達到監督式學習**目的。

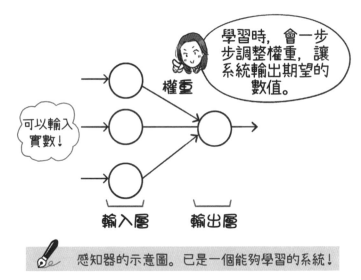

感知器的示意圖。已是一個能夠學習的系統！

我們終於能用人工方法重現出與神經細胞相同的學習方式！這個成功讓人們對感知器的期待愈來愈大，然而這卻直接導致第一次人工智慧熱潮的終結。

在人工智慧發展備受期待時，被稱為人工智慧之父的馬文·閔斯基（Marvin Minsky；1927-2016）卻指出，**感知器無法解決某些問題**。

線性不可分的問題！

在感知器無法解決的問題中，有一種例子是**線性不可分的問題**。

簡單來說，就是感知器無法處理「**不能只用一條直線就將資料分成兩群的問題**」。

舉例來說，假設一張散布圖的橫軸是體重、縱軸是身高，上面有10萬人的體重與身高資料。若要將圖上的這些資料點依**年齡**區分為未滿10歲的人及10歲以上的人，只需要一條直線就能辦到。

然而，如果要以**收入**這個屬性來為資料分類，就沒那麼容易了。由於收入與身高體重的相關性都很低，無法只以一條直線分成兩群。

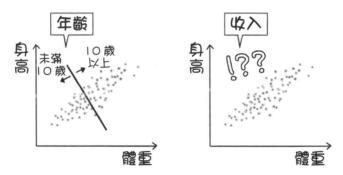

人們發現，**兩層的感知器**只能用來學習可用一條直線將資料分成兩群的問題，與最初的期望落差太大，於是人工智慧熱潮迅速冷卻了下來。

兩層的感知器讓人有種很可惜的感覺。不過放心，後來又有許多新方法陸續發表，使類神經網路開始能夠解決相對複雜的問題。這些學習方法當然也比感知器複雜，讓我們慢慢說明吧～

Backpropagation
（誤差反向傳播法）

在感知器登場後經過約 30 年，1986 年大衛・魯梅爾哈特（David Rumelhart；1942-2011）與之後發明了深度學習方法的傑弗里・辛頓（Geoffrey Hinton；1947-）等人發表 **Backpropagation（誤差反向傳播法）**。

他們以終結了第一次人工智慧熱潮的**兩層感知器**為基礎，於兩層間加進一個「**隱藏層（中間層）**」，形成**三層結構**，解決了一些原本無法解決的問題。

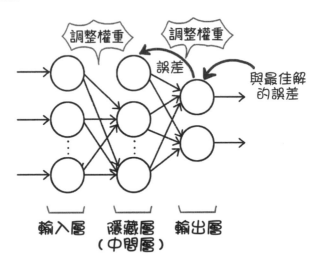

輸入層　隱藏層　輸出層
　　　　（中間層）

 誤差反向傳播法，其特徵在於讓誤差沿著反方向傳播回去！

在加入隱藏層後會有什麼不同呢？在這種系統下，當電腦的輸出值與正確答案不同，或者與期待獲得的數值有差異時，**會將這個差異由輸出端反向傳播，逐漸修正各神經元的誤差，使誤差愈來愈小**。

當人類發現計算錯誤，要檢查錯在哪裡時，會**從解答開始，沿著計算式往回尋找哪裡計算錯誤**。要是發現有錯誤就會進行修正。這個系統就是在做這樣的事。

因為這個系統會讓誤差（錯誤）反方向傳播（傳遞並擴散），所以才取了這個名字。往回找出錯誤的原因，然後再修正⋯

誤差反向傳播法的流程大致如下。

① 將用來訓練的樣本餵給類神經網路學習。

② **比較**類神經網路的輸出與**該樣本的最佳解（正確答案）。計算**每個輸出神經元的**誤差**。

③ 以下一層的結果為參考，**計算每個神經元之連結權重對誤差的影響（局部誤差）。**

接著**調整權重使誤差降低。**

過去只有兩層的感知器無法解決的**線性不可分問題**，在這樣的系統下終於得以順利解決。

至於「調整權重」又是怎麼回事呢？接下來我們將以數字與文字的辨識為例，詳細說明。

為了讓誤差變小，
需要調整權重！

抽象的步驟說明令人覺得模模糊糊，接著就讓我們以**手寫文字辨識的學習**為例，來看看誤差反向傳播是怎麼運作的吧。

請參考下一頁圖。當我們將手寫文字「7」的圖像輸入類神經網路，而被錯誤判定為「1」時，就需藉由改變**連接「輸入層」與「隱藏層（中間層）」之間的權重 w_1**，以及**連接「隱藏層」與「輸出層」之間的權重 w_2** 之數值，縮小類神經網路的輸出與正確答案之間的差距。

權重大小，可以想成是**連接各神經元的線段粗細**。

線段數量很多。MNIST 資料中，手寫數字圖為 28 像素 × 28 像素 ＝ 784 像素，假設隱藏層有 100 個神經元，那麼**權重 w_1 的線段數**為 784 × 100，**權重 w_2 的線段數**則是 100 × 10，共有近 8 萬個線段。

如圖所示，我們會將有 784 個像素的圖，分成一個個像素，輸入至類神經網路中，故輸入層會有「784 個」神經元。而輸出層則有「10 個神經元」，這是因為這個類神經網路輸出的是識別「從 0 到 9」共 10 個數字的機率。由於輸入的手寫文字是「7」，故如果輸出結果中「7 的機率」最高，就是正確的輸出。

當我們調整這些權重大小時，就像是在改變**系統對這個圖形的取樣方式**一樣，在**某種取樣方式下，會讓這個圖形表現出「7」的特徵**。

所以改變權重就是改變 784 個像素中，每個像素被看待的方式囉。舉例來說，若要辨識出「7」和「1」的不同，那麼系統是否有捕捉到 7 上方橫線這個特徵，就是一大關鍵囉。

　　誤差反向傳播法中，需針對每一個權重，計算**該權重變大時會減少誤差**，還是**該權重變小時會減少時會減小誤差**。為了讓誤差變小，需將 8 萬個權重一個個進行調整，是一項相當繁複的作業。

　　當然，這個學習過程相當耗費時間，不過在學習過程結束後，各個權重皆已調整至最佳值。這時即使輸入與訓練時不同的資料，譬如隨便找個人來寫一個數字輸入至系統，**都能在瞬間辨識出這個數字**。

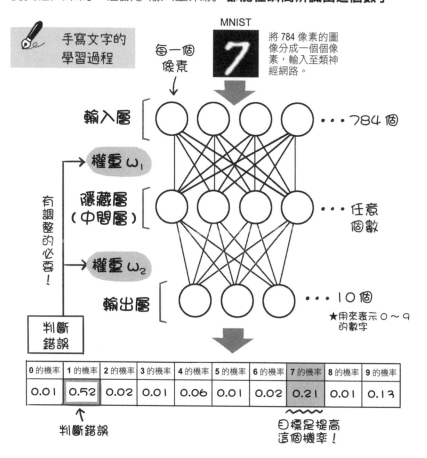

手寫文字的學習過程

MNIST

每一個像素

將 784 像素的圖像分成一個個像素，輸入至類神經網路。

輸入層 ⌈ ⋯ 784 個

有調整的必要！

權重 ω_1

隱藏層（中間層）⌈ ⋯ 任意個數

權重 ω_2

輸出層 ⌈ ⋯ 10 個

★用來表示 0～9 的數字

判斷錯誤

0 的機率	1 的機率	2 的機率	3 的機率	4 的機率	5 的機率	6 的機率	7 的機率	8 的機率	9 的機率
0.01	0.52	0.02	0.01	0.06	0.01	0.02	0.21	0.01	0.13

判斷錯誤

目標是提高這個機率！

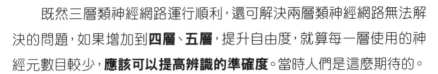

增加層數後…
誤差反而傳不過去？

　　既然三層類神經網路運行順利，還可解決兩層類神經網路無法解決的問題，如果增加到**四層、五層**，提升自由度，就算每一層使用的神經元數目較少，**應該可以提高辨識的準確度**。當時人們是這麼期待的。

　　然而四層以上的誤差反向傳播法，其**學習過程卻沒那麼順利**。當誤差反向傳播法的層數越深時，誤差反向傳播卻無法傳播到底部。即使類神經網路最後一層的權重調整，使輸出結果與答案相符，若誤差無法傳達到靠近輸入端的神經元，增加層數也沒什麼意義。如果能夠調整讓每一層神經元都可好好學習，或許可改善狀況，但這種作法工程過於浩大難以實現，因此不久這種方法也逐漸失去關注。

　　人們模仿人腦建構出**類神經網路**，想藉此實現人工智慧，卻遇到了瓶頸，於是**第二次人工智慧熱潮**至此告一個段落。然而，一種與類神經網路截然不同，名為「**支援向量機**」的機器學習方法卻愈來愈普及。雖然與之後登場的深度學習相比，支援向量機沒受到那麼多關注，但直到現在，支援向量機仍是一種常被使用的方法。

 ## 支援向量機的優點是什麼？

　　支援向量機（Support Vector Machine；SVM）是 1995 年 AT&T 弗拉基米爾·萬普尼克（Vladimir Vapnik；1936-）所發表的**模式識別用監督式機器學習方法**。

　　這種方法使用「**邊界最大化**」等概念，是一個泛化能力高、模式識別能力非常優秀的機器學習法。

模式識別系統會將輸入的資料進行「分類」。像影像辨識或文字辨識那樣，從雜亂無章的資料中，找出有意義的特徵用作辨識，就叫做模式辨識。而進行辨識時，又需識別物體的特徵，故模式識別與模式辨識的意義其實很接近喔～

核方法（kernel method）**可以解決感知器束手無策的線性不可分問題**，使用範圍相當廣，在各種研究中經常會用到。

雖然核方法在處理**將資料群一分為二的問題**時相當管用，卻無法直接套用在資料一分為多的情形。若硬是這麼做，則會出現計算量過大、函數選擇沒有標準等問題。而且，這種方法並沒有明顯優於誤差反向傳播法，只是兩者不同，無謂好壞。

接下來讓我們來說明什麼是「**邊界最大化**」。

使用誤差反向傳播法進行訓練時，由於系統會慢慢地調整權重，使類神經網路的狀態逐漸變化，一旦系統能夠正確識別訓練用資料，**就會立刻停止學習**，有時會造成分類界線**恰好落在某個類別（群集）的邊界**，如下圖。

這樣的界線適當嗎？一般人畫界線應該不太可能會這樣畫。

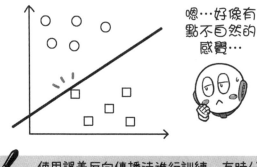

使用誤差反向傳播法進行訓練，有時分類界線會恰好落在族群邊界。

與此相較，支援向量機在進行訓練時，會像下圖，找出一條位於兩個族群之間，且寬度最大的邊界（**最大邊界**），並在這條邊界的中央畫出識別用的直線。

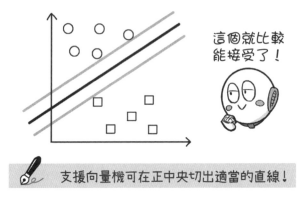

這個就比較能接受了！

 支援向量機可在正中央切出適當的直線！

以上圖為例，與灰線相比，黑線與這兩個族群的距離最遠，故黑線是**最適合的線**。由這種系統**在訓練後所畫出來的識別線，也可以用在其他未經訓練的資料上**，這就是所謂的「**泛化能力**」。

過度學習的避免與泛化能力不能兩者兼得

像 P.106 所提到的三層感知器，具有**階層結構**的類神經網路，稱作「**階層型類神經網路**」。

階層型類神經網路在剛開始發展時，備受眾人期待，然而各層的神經元可能會因為「**過度學習**」而出現過度適合的情形，使泛化能力相當低。這類系統也因為這樣的問題而黯然走下舞台。

「**避免對訓練資料的過度學習**」與「**對於未知資料的泛化能力**」兩者不可兼得。隨著欲解決之問題類型的不同，兩者的優先順序也可能會不一樣，機器學習就是這一點很麻煩。它們不像人類或其他動物一樣，能夠輕易找到兩者的平衡點，彈性地應對問題。

3.3 Deep Learning 厲害在哪裡？

唉呀？我以為這次的準備相當完美的說，從坂本老師的反應看來，好像是我搞錯了什麼…

啊、嗯…總之有確實傳達出「看起來很厲害」的感覺啦。回到主題，我們曾在 P.27 中提過，這次要介紹的「深度學習」，是「機器學習的新方法」。

是的，我記的很清楚。而且前幾天，電視上的談話節目也有介紹到喔。大家都說，目前人工智慧熱潮，其核心就在於「Deep Learning」…那麼深度學習究竟厲害在哪裡，又有多厲害呢…？

* 譯註：黑船事件為日本的歷史事件。幕府末期時，美國培里將軍率領黑色的海軍船艦，迫使幕府開國。

Deep Learning 出名之日

第二次人工智慧熱潮結束後，進入了很長的一段寒冬。直到 2012 年，發生了一件讓人工智慧領域研究者跌破眼鏡的事。世界級**影像辨識競賽 ILSVRC**（ImageNet Large Sale Visual Recognition Challenge）中，有位參賽者打敗了東京大學、牛津大學等世界頂尖大學與頂尖企業所開發的人工智慧，初次參加競賽就獲得壓倒性的勝利，那就是由加拿大多倫多大學所開發的 **Super Vision**。

在這場競賽中，電腦需能夠自動回答**圖像是花、動物、還是其他東西**，並比**較哪家人工智慧的識別率最高。**

每個人工智慧會先用 1000 萬張圖像資料進行**機器學習的訓練資料**，再使用 15 萬張圖像進行測試，看哪一個人工智慧的正確率比較高。許多人都會用機器學習的方式來進行圖像辨識，不過**演算法的設計上還有很多可操作的空間**，故為了讓錯誤率下降，每個團隊會一直嘗試錯誤，試著找出圖像的**特徵**。

過去的機器學習方法「必須由人類告知機器特徵量」。不妨翻回第一章 P.29 對照重點整理，稍後再作解釋

在持續不斷的嘗試錯誤下，大約每過一年錯誤率會下降 1%，當時認為第一名錯誤率應該會在 26% 左右。最後獲得第一名與第二名的 Super Vision 卻成功將錯誤率降到 15%，全世界都為之震驚。

當時 Super Vision 所使用的方法，就是多倫多大學的傑弗里·辛頓所開發的新式機器學習法「Deep Learning（深度學習）」。

電腦自動尋找特徵量！

深度學習到底厲害在哪裡呢？從前為事物分類時，都需要人類介入，由人類決定分類的特徵量，然而深度學習卻有辦法**讓電腦自動尋找特徵量，並以其為基礎為圖像分類。**

深度學習有辦法自行完成「**特徵學習**」，簡單來說就是這樣。

 讓電腦學習什麼是「貓」的示意圖。

 尋找特徵量是一件非常麻煩的事。人類「能夠找到多精準的特徵量」，會大大地影響到電腦識別或推測地精準度，故尋找特徵量可說是一個重責大任…不過進行深度學習時，電腦可自動尋找特徵量，只要把大量資料丟進電腦就可以了！

教人類認識貓時，只要說明「這是貓」、「那也是貓」，多看幾個例子，自然而然就能夠學到「貓是什麼」，不需解釋貓的特徵。

過去人們認為電腦辦不到這樣的事，故當**電腦能自行學習時**，代表我們或許能開發出像人一樣能自律行動人工智慧，這是一大進步。

Deep Learning 可以到四層以上

深度學習之所以叫做「深度」，是因為這種方法所使用的類神經網路層數較多，看起來很「深」的關係。

深度學習會用到**多階層（四層以上）的類神經網路**。

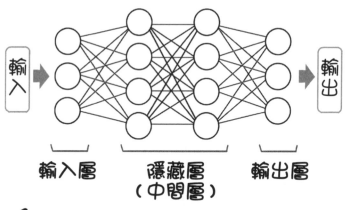

| 輸入層 | 隱藏層（中間層） | 輸出層 |

 深度學習的中間層有兩層以上，整體則有四層以上！

嗯～深度學習的層數很多，這件事我是明白了…但是 P.110 中不是有提到「增加層數後，學習過程卻沒有比較順利」嗎？這個問題又該怎麼解決呢？這其中似乎還藏著什麼秘密的樣子。

自動編碼器的輸入與輸出相同？

　　在 P.110 中我們提到，四層以上的類神經網路在實作時，並不如想像的順利。當層數越多時，誤差就很難反向傳播回上一個階層，這個問題成了發展的瓶頸。不過深度學習在訓練過程中，會一層一層進行訓練，利用名為「**自動編碼器（autoencoder）**」的**資訊壓縮器**，解決這個問題。

　　在類神經網路的訓練過程中，需要為每一筆訓練資料準備對應的答案。舉例來說，若輸入的訓練資料是「手寫的 7」的圖像，那麼也得將答案「7」提供給系統參考。

　　與之相較，**自動編碼器的「輸入」與「輸出」完全相同**。舉例來說，若輸入的訓練資料是「手寫的 7」的圖像，那麼答案亦為同一張「手寫的 7」圖像。也就是說，**答案並非由人類提供**。

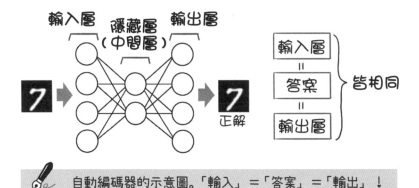

自動編碼器的示意圖。「輸入」＝「答案」＝「輸出」！

輸入與輸出相同？問題和答案是相同的資料，這樣有意義嗎？…或許你會有這樣的疑問吧。為了消除這樣的疑問，讓我們繼續說明下去吧～

輸入與輸出相同所代表的意義

　　請參考下圖。**若輸入與輸出完全相同，隱藏層（中間層）就會自然產生圖像的特徵。**

　　以手寫文字的圖像為例，該圖像為 28 像素 × 28 像素，共 784 個像素，故輸入層有 784 個神經元、輸出層也有 784 個神經元，中間的隱藏層假設有 200 個神經元，便可畫出以下的示意圖。將 784 個神經元**壓縮**成 200 個時，就像是在進行統計處理中常使用的「**主成分分析**」方法一樣。

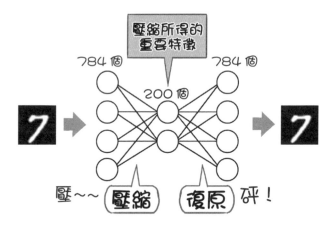

所謂的「主成分分析」，是將龐大的資料簡化（整理並精簡出重點），使資料整體的性質較為清楚。這正好就是「壓縮」的概念呢。

正因為「輸入與輸出完全相同」，故夾在中間的隱藏層就自然而然地成為了「壓縮後的重點」。由於在「壓縮」後，還能夠完整地「復原（回到原先的狀態）」，代表這些神經元中可讀取到資料的重要特徵。

　　將這種訓練方式套用在每一層的神經元上，可以讓深度學習找出統計學的主成分分析所找不到的**高精準度特徵量**。對於在分析實驗資料時常用到主成分分析的我來說，這種方法的原理相當好理解。

　　如下圖，第一階段的輸入層有 784 個神經元，隱藏層有 200 個神經元，輸出層則有 784 個神經元，訓練結束後拿掉輸出層。

　　接著將第一階段隱藏層的 200 個神經元作為第二階段的輸入層，而第二階段的隱藏層假設有 50 個神經元，輸出層則與輸入層一樣為 200 個神經元，訓練結束後拿掉輸出層。於是，由第二階段的隱藏層所得到的特徵量，精準度會比第一階段所得到的特徵量還要高。

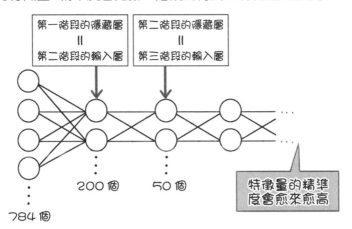

　　在重複多次這樣的過程後，便能漸漸得到「**抽象度高、精準度高的特徵量**」。而「**7 的圖像**」經過一層層的神經元，最後輸出的資料將可代表**典型的** 7，這時只要再告訴系統這是「7」，訓練就完成了！自動編碼器就是這麼回事。

「抽象度高、精準度高的特徵量」就像是我們說的「概念」一樣。對於一項事物（輸入資料），試著「捕捉其本質」，這就是學習的目的。

更接近人類的方式

　　我是一位認知科學家，也在進行資訊工程方面的研究，然而我並不怎麼喜歡「只要能達到目的，過程中如何運作都無所謂」這類型的研究。不過我總覺得，**類神經網路與深度學習的學習方式，說不定比較接近人類真正的情況。**

　　人類從出生後，就會看到各種手寫的「7」，每個 7 都是由不同人寫出來的，我們卻能夠辨識出它們都是「7」，或許就是因為我們的大腦的運作模式和深度學習很像。

　　而且，**多模式的資訊**，像是「聲音與影像」、「文章與影像」等來自不同感覺卻一起出現的資訊，深度學習也有辦法處理。或許不久後，具有**接近人類資訊處理能力**，能夠同時輸入「由複數的五感所獲得的資訊」，並適當地處理人工智慧就會實現。

 ## Deep Learning 方法

　　Deep Learning（深度學習）是具有**多層（四層以上）神經元**之**類神經網路**的總稱，其具體的建構法有很多種。以下將介紹**深度學習法**中，在我的研究室常用的三種**代表性方法**。順帶一提，這裡所介紹的每一種方法都各有不同的變化，一個比一個深奧、一天比一天進化。

　　接下來的內容有點難，不過當你讀完後有「原來深度學習有好多種啊～」的印象，並記得哪種方法用在哪種情況就可以了！

◆卷積式類神經網路
（Convolutional Neural Network；CNN）

　　過去與圖像有關的類神經網路之效能，常會受到研究者抽取特徵量的技巧影響，然而 CNN 不需要由研究者抽取特徵量，在學習的過程中，CNN 會自動抽取有效的特徵量。早在 1980 年代後半，研究人員便使用由五層神經元所構成的多層類神經網路學習成功。CNN 所使用的是誤差反向傳播法來調整權重，完成學習過程。我們在 P.114 中已介紹過，**基於 CNN 的圖像辨識**，在 2012 年為圖像辨識領域帶來了一大突破。

　　以下將介紹典型的 CNN 結構，內容可能稍微偏難就是了。CNN 中，從輸入層到輸出層之間，有所謂的「卷積層（convolution layer）」和「池化層（pooling layer）」成對出現，並交替著排下來。有些 CNN 會在卷積層和匯總層之後，再加上局部對比正規化層（local contrast normalization；LCN）。將這些神經元層重複數次，再接上鏈結層（fully-connected layer），而最後的輸出函數則視用途而定，如果是回歸模型則使用恆等函數，如果是多類別模型則使用 softmax 函數。

　　CNN 是模仿人腦的視覺處理區域之神經迴路所建構出來的模型，而未來 CNN 也被期待能夠**模仿人類識別質感的機制**。

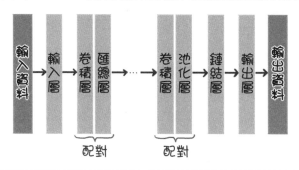

順帶一提，卷積式類神經網路的「卷積」是一種數學上的積分方式，和卷積雲一點關係都沒有喔。

◆遞迴式類神經網路
（Recurrent Neural Network；**RNN**）

　　RNN 是一種在**聲音、語言、影片**等序列式的資料處理上具有優勢的類神經網路。RNN 的資料在輸入前會經過取樣，得到一系列長短不一的元素，以及這個序列的元素排列方式（文章脈絡）。RNN 能夠有效地學習各單字之間的依存關係，也就是所謂的文章脈絡，在**單字的預測上有很高的精準度**。

　　接下來的內容可能會有點難。RNN 是所有含有**（方向性）迴路**的類神經網路之總稱，**拜這種結構所賜，輸入的資訊可以暫時性地被記憶下來，使系統本身可動態改變。**而 RNN 便可藉由這個機制，找出序列資料內的文章脈絡。這一對一映射的順向傳播型類神經網路有很大的不同。

　　此外，一般順向傳播型類神經網路中，一次輸入只對應一次輸出；但在 RNN 中，過去所有輸入都會反應在該次輸出結果上。

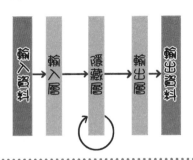

畫成圓圈圈的箭頭，是 RNN 的一大特徵。這樣的結構使之前輸入的資訊能回饋系統，影響到後來的輸出。

◆玻爾茲曼機
（Boltzmann machine）

　　本節一開始曾提到，辛頓開發出來的深度學習技術，為人工智慧領域帶來了很大的突破。而辛頓也在 1980 年代中期開發出了玻爾茲曼機，這是一種會依機率行動的類神經網路。名字來自 19 世紀的統計熱力學創始人，玻爾茲曼（Boltzmann）。

　　這種模型將溫度的概念融入類神經網路的行動中，費了一番工夫，**使一開始的系統變動較為劇烈，爾後逐漸平穩。**

　　誤差反向傳播法使用梯度下降法求解，容易在最後收斂至局部解，這也是誤差反向傳播法的致命問題。而玻爾茲曼機在上述機制下，卻有一定機率會自動跳到沒那麼適當的解，有機會**從局部解的陷阱逃出**。一般來說，這種方法會用在**資料的生成模型**。

「局部解」指的是「某個限定範圍內最好的解（答案）」。以下圖為例，若把範圍擴大，可以找到一個更好的「最佳解（最適合的答案）」。要是無法從局部解的陷阱逃出來，就永遠無法得到最佳解，真是惱人啊。

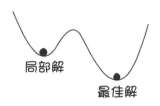

局部解

最佳解

請依照個人目的來選擇適合的深度學習法。那麼，關於類神經網路與深度學習的說明到此結束。接下來是「AI 三大家」。

下一題是搶答問題，

AI 三大家包括「類神經網路」、「專家系統」

還有一個是——？

突、突然就開始益智問答實在是嚇到我了。雖然我是個非——常優秀的機器人，但我又不是華生（P.65），突然開始益智問答會讓我很緊張耶。

呵呵，嚇到你了嗎。事實上，接下來我們要談的就是 AI 的三大家之一，「遺傳演算法」喔。

嗯嗯，這裡說的遺傳演算法，就是這題益智問答的答案。總覺得好像有聽過「演算法」這個字，但一時想不起來是什麼意思。

演算法指的是「為了解決某個特定的問題所設計出來的計算過程或處理方法」喔～遺傳演算法則是一種「逐漸逼近最佳答案的方法」。

哦～看來是一種很方便的方法呢！可是，這裡的「遺傳」又是什麼意思呢，感覺不明白的地方愈來愈多了。

AI 三大家的各種面向

近年來，由於深度學習成為眾所矚目的焦點，許多人甚至以為人工智慧＝深度學習，然而**深度學習僅是類神經網路的一種進化型態**。

人工智慧的「智慧」基礎可分為三種模式，又稱作 **AI 三大家**，分別是包括深度學習的「**類神經網路**」、曾於 P.13 中介紹的第二次人工智慧熱潮主角「**專家系統**」，以及接下來要介紹的「**遺傳演算法**」。

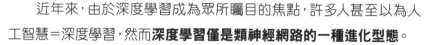 ## 達爾文演化論的啟發

遺傳演算法（Genetic Algorithm；GA）是密西根大學約翰·霍蘭德（John Holland；1929-2015）因**達爾文演化論**的啟發，於 1975 年提出人工智慧方法。

查爾斯·達爾文（Charles Darwin；1809-1882）在 1831 年至 1836 年搭乘小獵犬號由海路航行地球一周。他到世界各地，看到各式各樣的動植物，以及牠們如何適應當地的環境變化後，萌生出新的想法，以天擇所造成的演化論為基礎，於 1859 年出版《物種起源》。**天擇（自然選擇）說**是達爾文演化論中的一大重點，其內容如下。

即使是同一種生物，不同個體所具有的特性不同，某些特性是由親代傳給子代。有些特性能夠使子代更能適應環境，稱作**優勢特性**，反之則稱為**劣勢特性**。具有優勢特性的個體可產生更多後代，而具有劣勢特性的個體則會被淘汰。此外，個體有時會發生**突變**，產生優秀的個體。**以上過程重複多次後，將會使生物演化。**

　　達爾文認為「突變」是隨機產生的，而「演化」是由**偶然發生的突變造成**，並不代表進步，故生物並非朝著特定方向進化。這種**機械觀的論點**相當有趣。

　　遺傳演算法就是依照**「優秀的個體＝好的解答」**這樣的原則，**讓電腦以類似演化的方法尋找最適合的解答。**

遺傳指的是親代將自己的特性傳給子代，而在生物的世界中，也有著「優秀的個體會被留下來，低劣的個體則會被淘汰」這樣的一面。遺傳演算法就是利用這樣的性質來求解，最後留下來的答案，就是「相對最好的解答」囉～

遺傳演算法的使用方式

　　遺傳演算法擅長從**幾近無限的可能答案**中，**找出、生成出看起來最好的答案。**

　　遺傳演算法的實作方式大致上如次頁所示。

「個體適應度」越高，表示該個體越優秀（答案較好）。順帶一提，「交叉」指的是兩個個體交換彼此內容的意思。請對照著次頁的圖來看吧。

藉由反覆進行的世代交替，找出優秀的個體（好的答案）是嗎。確實這樣的方法既合理又方便呢…不，這想法實在太厲害了。

遺傳演算法的步驟如下所示。

① 亂數生成 N 個個體。

② 依目的建立適當的適應度函數，計算前一步驟中生成出之**個體的適應度**。

③ 依設定的機率，進行以下三種動作之一，其結果保留至**下一個世代**。

·選擇兩個個體進行**交叉**。

·選擇一個個體進行**突變**。

·選擇一個個體**保持原樣複製**。

④ 在下一個世代的個體數達到 N 之前，反覆進行上述動作。

⑤ 在下一個世代的個體數達到 N 之後，將下一個世代的個體全指定為目前的世代。

⑥ 依設定的世代數，重複進行②以後的步驟，最後**將適應度最高的個體視為最佳答案輸出**。

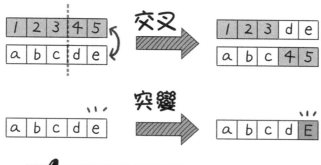

交叉與突變的示意圖。遺傳演算法就是這樣產生不同個體喔！

　　遺傳演算法常被應用在**遊戲、股票交易、飛行路徑最佳化、飛機機翼大小最佳化**等領域中。

　　很幸運的，我能與女演員菊川怜待在同一個藝人經紀公司。菊川怜過去就讀東京大學理科 I 類（工學部），於 1999 年度畢業，當時她的畢業論文就是《遺傳演算法在調和混凝土使其具備所需性能時的應用》。

　　混凝土的組成物質包括沙、水泥、水等，而其強度會隨著這些成分的混合比例而改變。而菊川怜小姐當時就是用遺傳演算法試著尋找**最佳調和方式**。

在這裡聊一些閒話吧。我在東京大學念研究所時，偶爾會在駒場校區的大學合作社看到菊川怜。菊川小姐從從那時起就很美了喔。

哇～可以現場看到菊川小姐，真是太讓人羨慕了！她的美麗想必也是來自遺傳吧。話說回來，第三章的內容又多又深奧，即使我是一個非常優秀的機器人，也覺得頭昏腦脹了…

辛苦你啦！看完這一章就像是越過了一個險峻的高山囉。其實第四章就是最後一章了，最後讓我們輕鬆一下吧～

第四章

人工智慧的應用

第四章我們將介紹許多「人工智慧的應用」。電視節目中談到 AI 時，常會拿棋類遊戲 AI、自動駕駛 AI 等來當作例子。除此之外，本章的內容還包括了以 AI 進行圖像辨識、與 AI 對話、挑戰藝術的 AI 等，可說是應有盡有。而且，還會提到我正在進行的擬聲詞研究喔～！

4.1 從「遊戲」應用看人工智慧進化過程

坂本老師，來和我下棋吧！

不管是『將棋』、『圍棋』，還是『西洋棋』都可以喔！

感覺不管哪個都贏不了啊～～

唉呀～～坂本老師怎麼在開始對局前就喪失戰意了呢？不過也情由可原啦，因為我們電腦在下棋這方面太強了。

是啊。以前，如果人類在「人類 vs 電腦」的對局中輸掉，人們通常會非常驚訝「人類居然輸了？」不過到了現在，即使人類輸給電腦，好像不再像以前那麼驚訝了啊…接下來讓我們來一一介紹西洋棋、將棋、圍棋等棋類遊戲 AI 的歷史，瞭解這些 AI 是如何一步步進化的吧～

遊戲 AI 進化史

現在的媒體幾乎沒有一天不會提到人工智慧，應用了人工智慧的遊戲也一個接著一個登場。現實世界過於複雜，要將問題單純化、特殊化並不容易，故要在現實中實現 AI 是非常困難的。另一方面，遊戲上的應用則與醫療等現實層面應用不同，可以不受拘束地將任何最新技術用在產品上，故當新技術被開發出來後，常會被應用在遊戲中。

因此，**遊戲人工智慧歷史**，可說是**人工智慧的進化足跡**。遊戲 AI 進化史如次頁所示。

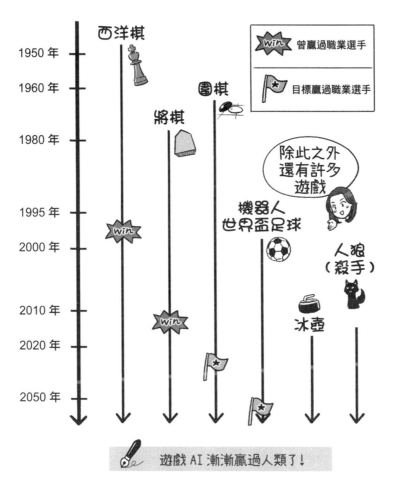

 遊戲 AI 漸漸贏過人類了！

　　20 年來，AI 化不可能為可能，在許多比賽賽中超越了人類。原本為了讓 AI 與人類對戰而設計的智力競賽，後來卻只有 AI 能夠贏得過 AI。甚至我們可以說，在遊戲領域中已達到了科技奇點。

那麼接下來，就讓我們分別來介紹「西洋棋」、「將棋」、「圍棋」的發展歷史與相關事件吧。

人類 vs AI ～西洋棋篇～

　　1996 年 2 月，以 IBM 製造的 RS/6000SP 為基礎開發出來的西洋棋專用電腦「**深藍（Deep Blue）**」與當時的西洋棋世界冠軍，加里·卡斯帕洛夫對局，以 1 勝 3 敗 2 和的戰績落敗。

　　然而，隔年 1997 年 5 月的對戰中，**深藍**則以 2 勝 1 敗 3 和的戰績，**在最後獲得了勝利。**

　　在 IBM 發表的資料中提到，這台在比賽中勝利的電腦搭載 32 個處理器，一秒可預判兩億手棋步棋，是一台專門用於西洋棋的電腦。深藍**可運用其遠勝人類的計算能力，在瞬間模擬兩億手棋步，並從中選擇出最佳的一手棋步下出。**

　　這時深藍電腦所搭載的，就是 P.13 曾介紹過的「**專家系統**」。專家系統是人工智慧的一大類別，也是第二次 AI 熱潮中的主角。專家系統可基於人類輸入的規則，以及人類輸入的**知識庫**（將知識資料庫化，使其成為電腦可讀取的程式），以超高速的計算得到結果。

　　目前是第三次 AI 熱潮的背景，從現在的角度來看，深藍並不能算是真正意義上的「人工智慧」。那時深藍的勝利並**不代表電腦贏過了人類。**

　　不過，當時被擊敗的卡斯帕洛夫先生在對局後卻說「我感覺到了深藍的知性」，想必他也覺得深藍「很聰明」吧。

「Deep Blue」的意思是深藍色，和 Deep Learning 一點關係都沒有喔。順帶一提，開發了 Deep Blue 的廠商 IBM，他們的商標和代表色都是藍色。

人類 vs AI ～將棋篇～

　　而在西洋棋之後，人工智慧亦在同屬於圖板遊戲的將棋中獲得了勝利。

　　日本從 2005 年開始，一些非官方活動已讓職業棋士與電腦進行將棋對局。而在 2007 年一場由官方舉辦的將棋公開對局中，具有龍王頭銜的渡邊明擊敗了人工智慧「**Bonanza**」。

　　而在 2010 年，具有女流王位、女流王將頭銜的女流棋士清水市代與「Akara 2010」進行了一場對局。「Akara 2010」是由「激指」、「GPS 將棋」、「Bonanza」、「YSS」等四種軟體所組成，對局時會以多數決的方式決定最好的一手。結果，清水女流王位、王將敗北，這是**官方所舉辦的比賽中，首次由現役職業棋士吞敗。**

　　看到這樣的結果，當時的日本將棋聯盟會長，永世棋聖米長邦雄發表了聲明，要在隔年與將棋電腦對局。2012 年，第一回將棋電王戰就是由米長邦雄對上於世界電腦將棋選手權中獲得優勝的「Bonkras（現在的 Puella α）」，最後以米長永世棋聖敗北作收。

　　2013 年第二回將棋電王戰則由五種將棋電腦分別與五位現役的職業棋士對局，共進行五局棋賽。第二局是由佐藤慎一四段與「**ponanza**」對局，並由「ponanza」拿下了勝利。於是，**在官方舉辦的比賽中，現役職業棋士第二次輸給了電腦。**

　　後來棋軟體的能力提升愈來愈顯著。2017 年 4 月，「ponanza」贏過了佐藤天彥名人。

　　將棋軟體之所以能變得那麼強，是使用我們在第三章中所介紹的**機器學習**技術，分析自過去以來所累積的大量棋譜，學習到各種盤面下應該要下哪一手棋，也就是找出「**在每一種狀況下，分別該要注意哪個位置**」的特徵量，像是**王將、金將、銀將的位置關係該怎麼布局較有優勢**等。將棋軟體能夠從過去所累積下來的大量棋譜中，發現人類不曾注意到的位置關係，進而找出更為優異的一手棋。

　　而且，隨著電腦的性能提升，將棋軟體能夠在**一秒內判別數億手的優劣**，高效率的探索也是電腦獲勝的關鍵。

人類 vs AI ～圍棋篇～

2015 年 10 月，Google DeepMind 所開發的 AlphaGo 與圍棋歐洲冠軍對局，5 戰全勝。2016 年 9 月再度與圍棋世界冠軍的對局，則是以 5 戰 4 勝的佳績獲勝。

在這之前，人工智慧在圍棋領域上的表現突飛猛進，不過人們總認為電腦要在圍棋上勝過人類，還有很長的一段距離。以「最初兩手棋步」而言，西洋棋共有 400 種可能、將棋有 900 種可能，與此相較，圍棋則有 129,960 種下法，複雜度達到 10 的 360 次方（審訂注：目苛大部份的估計為 10 的 170 次方左右種合法盤面），故一般認為，對局時**最重要的是直覺與計目，其他棋類 AI 中所使用的探索方式不可能用在圍棋 AI 上**。

AlphaGo 的系統內有 1,202 個 CPU 與 176 個 GPU，因此不僅具有驚人的計算能力，導入「**深度學習**」技術更使棋藝提升層次。與使用專家系統，需將人類既有知識輸入電腦的西洋棋 AI 不同，**人類甚至沒告訴 AlphaGo 圍棋的規則，僅將過去所累積的大量圍棋對局記錄輸入至 AlphaGo，讓它自行學習**。

順帶一提，2017 年 3 月「DeepZenGo」擊敗了職業棋士（井山裕太九段）！很厲害吧。

AlphaGo 的演算法也刊載在科學期刊 Nature 上。

▶**步驟 1 令 AlphaGo 讀進**圍棋網站下載的 **3000 萬手棋步資料**。以圍棋高段者棋譜作為訓練資料，告訴 AlphaGo「此盤面棋士接下來應下哪一手」，以類神經網路進行「**監督式學習**」。第三章曾說明過，這裡所使用的類神經網路就是「**卷積式類神經網路（CNN）**」。AlphaGo 使用 13 層 CNN，將圍棋盤面視為 19 × 19 像素圖像，輸入系統。

在影像辨識中，輸入系統的是 RGB（紅、綠、藍）等顏色資料；而 AlphaGo 則是輸入**「棋石的顏色（白、黑、無）」**、**「第幾手棋」**、**「這一手可拿取對方多少棋」**等資料。接著，類神經網路便會將**「接下來該下哪一手棋」**的答案以 19 × 19 像素的資料形式輸出。

▶**步驟 2** 由於 3000 萬手棋步仍不夠，繼續用「**深度強化學習**」讓步驟 1 所訓練出來的**類神經網路與另一個類神經網路彼此對局**，獲勝者可以獲得報酬（得分），藉此達到「強化學習」目的，讓電腦鍛鍊出更多「可獲勝的一手」。

▶**步驟 3** 在步驟 2 中讓類神經網路彼此對局，可產生新的 **3,000 萬局棋譜資料**。就算一個人每天下 10 局，也要 8,200 年才能下到那麼多局。AlphaGo 再利用這些棋譜資料進行學習、強化。

將以上步驟整理過後，可以下圖表示。順帶一提，2016 年 12 月，我在談話節目中解說圍棋的 AI 時，又出現了一個名為「神之手」，很強卻充滿謎團的圍棋 AI，在網路上造成了轟動。看來圍棋 AI 的進化還會持續下去。

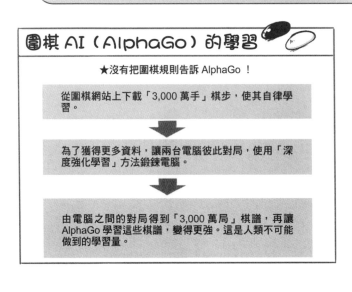

圍棋 AI（AlphaGo）的學習

★沒有把圍棋規則告訴 AlphaGo！

從圍棋網站上下載「3,000 萬手」棋步，使其自律學習。

↓

為了獲得更多資料，讓兩台電腦彼此對局，使用「深度強化學習」方法鍛鍊電腦。

↓

由電腦之間的對局得到「3,000 萬局」棋譜，再讓 AlphaGo 學習這些棋譜，變得更強。這是人類不可能做到的學習量。

我對影像辨識很有自信喔。

就算哪一天坂本老師突然改頭換面，我一定也認得出來！

壞蛋人偶～
阿囉吧～

我在夏威夷的海灘曬成小麥色囉～～

那是誰啊……

要是坂本老師頂著一頭金髮來學校，學生們很有可能認不出來是誰，但讓我來認的話馬上就可以認出來囉。呵呵呵。

我才不會打扮成那樣啦～！不過確實，一般人即使經過變裝，也騙不過電腦的臉部辨識系統。亦有許多人期待著影像辨識在醫療等各領域中的活躍。接著就讓我們來談談人工智慧在「影像」上的應用例子吧。

 ## Google 的貓識別

　　在上一節中我們提過桌面遊戲也可視為圖像資料，而引起第三次 AI 熱潮的火種，正是**導入了深度學習的圖像辨識**。

　　第三章曾提到 2012 年的圖像辨識競賽，人工智慧有了重大突破，同年 Google 當時的研究團隊「Google × Labs」發表「**Google 的貓識別**」之圖像識別研究，在網路上引起話題。

　　請參考次頁的示意圖。相對下層的神經元，僅能**識別點和輪廓的樣子**；但逐漸往上後，慢慢可**識別圓形與三角形**等形狀；AI 會試著將這些單元組合起來，並判斷**「有兩個點所以是眼睛」**，代表 AI 已能**從組合後的要素中抽取特徵量**。

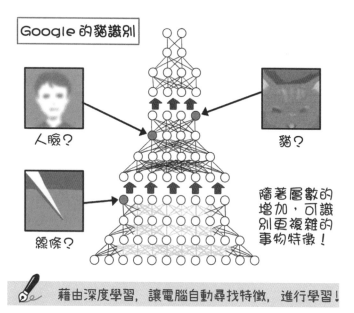

Google 的貓識別

人臉？

貓？

線條？

隨著層數的增加，可識別更複雜的事物特徵！

✎ 藉由深度學習，讓電腦自動尋找特徵，進行學習！

　　這項研究厲害的地方在於，**電腦能自己找出「貓的概念」，並自行學習**。要注意的是，這項研究並不是在人類將「貓的圖像」作為關鍵字輸入系統後，由系統分析出這些圖像的特徵，再從龐大數量的圖像中，快速識別貓的圖像。

這種深度學習會將 1,000 萬張圖像輸入系統進行訓練，重要的是，這 1,000 萬張圖像上並沒有被加上「這是貓」的標籤，且「並非所有圖像都有貓」。這 1,000 萬張圖像中有各式各樣的事物，而且上面完全沒有任何標籤。

這個系統可以從一堆雜亂無章的圖像中，自動學習到「貓的概念」是嗎？最後只要由人類告訴它名稱，讓它知道「這是『貓』」就行了。深度學習果然很厲害！

影像辨識的進化

自 2012 年以後，深度學習在影像識別上的應用，以及實用化的速度愈來愈受到矚目。2014 年，Facebook 發表一篇與人臉辨識相關的論文至 CVPR2014 且被接受，論文中指出，已使電腦的人臉辨識與人類達到同樣的程度。這種被命名為 **DeepFace** 的方法，是 Facebook 蒐集自己公司共 4030 人 440 萬張臉部照片，進行大規模訓練後所得到的系統，電腦**識別人物的能力幾乎已和人類相同**。影像辨識技術真的是日新月異。

臉部影像可作為鑰匙，進行安全性上鎖與解鎖。在**登入**個人電腦或智慧型手機時，有些系統會使用人臉識別進行判斷。日本長崎豪斯登堡「機器人酒店」於入住時，只要在櫃台掃描臉部，就可以拿到房間鑰匙。

除此之外，圖像辨識技術也廣泛應用於四周。解鎖智慧型手機時所使用的「指紋認證」，以及智慧型手機的相機「臉部辨識」，都是經常使用的功能。還可在有手寫辨識功能的平板電腦上簽名，不是嗎？

在**手寫中文字辨識**的領域中，經常會有部首和非部首偏旁寫得過於靠近而難以辨識。2016 年 11 月中國富士通研究開發中心（FRDC）與富士通研究所，共同發表開發成功的高精密度手寫中文辨識技術。

新技術除了使用過去訓練系統時所使用的文字樣本，亦加入部首、非部首偏旁，以及由「不成文字的元素」所組成的「非文字樣本」，以此建構出異種深度學習模型，將手寫中文的識別精密度提升到96.3%。

這種技術也能用在日文上，可用以提升**手寫文字電子化的作業效率**。在圖像識別技術的幫助下，我們的生活也變得愈來愈方便。

醫療上的應用（庄野研究室）

庄野勉老師是我在日本電氣通信大學的同事。庄野老師的研究室以**間質性肺炎**（難以被分類在肺炎或肺癌，需早期發現才有機會治癒的難治之症）的患者為對象，研究如何藉由圖像辨識技術，從病人的**CT（電腦斷層掃描）圖像中找出病灶**。

具體來說，這套系統是從電腦斷層掃瞄圖像中**抽取特徵**，再以**模式識別器**找出病灶的位置。過去的系統中，依賴人類的視覺來找出特徵量，作為電腦識別的依據；這個系統則是以**深度學習計算出特徵量**。

在平面圖像上看起來像是圓形的東西，若由立體的角度來看，很有可能是血管的截面。因此，我們**需從立體角度為人體圖像進行識別**，這公認為相當困難的事。不過在庄野研究室導入了他們所開發的特殊模式識別系統後，於 2017 年 4 月的現在，識別率已可達到 97%。

CT 可利用放射線攝影出身體的橫切面，包括腦、心臟、肺等身體各部位的橫切面都照得出來。而其中最重要的是「這張 CT 該如何判讀」。即使圖像中看得到的病灶相當微小，也絕不能遺漏。

醫療上的應用
（黑色素瘤的判別）

日經 BP 在 2016 年 10 月時出版的《完全分析！人工智慧最前線》中介紹了兩個影像診斷案例，在此簡介如下。

筑波大學的皮膚科專科醫師石井亞希子小姐在圖像辨識等人工智慧技術領域上並沒有涉獵，卻試著利用「**Labellio**」來製作**可用來判別黑色素瘤（皮膚癌的一種）的圖像辨識模型**。Labellio 是一個可讓客戶以深度學習建構圖像辨識模型的服務。

這個模型可回答每個案例是「黑色素瘤」還是「良性痣」，並在回答時加上信心程度。以測試資料進行模型測試時，可達到 99% 以上的準確率。

我們可以說，Labellio 成功地將深度學習化為一個 IT 工具，**讓不熟悉機器學習的人也能利用深度學習技術幫忙做事**。

使用「Labellio」不需要會寫程式，只要準備好「**訓練資料**」，讓電腦做為圖像辨識的標準進行訓練就可以了。

石井小姐以大學醫院內實際病例的照片為主，蒐集了 155 個黑色素瘤案例與 251 個良性痣案例的照片，將包括翻轉圖像與旋轉圖像在內的 1,218 張圖像輸入至 Labellio 的類神經網路中進行訓練，實現了這個模型。

黑色素瘤和良性痣在「形狀」、「顏色」、「大小」上都有些許不同。一的痣大多是圓形，且邊界分明，顏色均勻；另一方面，黑色素瘤多為橢圓或不規則形、顏色濃淡不均、有時還會突然變大。有些案例中很難判別到底是黑色素瘤還是痣，就算是醫生也得花一番功夫才看得出來…要是電腦能夠判別出來，不管是對醫生來說還是對患者來說，都是一件好事！

醫療上的應用（癌症診斷）

近年來以圖像診斷技術創業的團隊陸續增加。日經 BP 曾介紹過一家以美國舊金山為據點的「**Enlitic**」，他們系統的檢出率甚至**超越了人類的放射科醫師**。

與貓的圖像識別相比，要從 X 光攝影、CT 圖像、超音波檢查、MRI 檢查等圖像**找出癌症或其他惡性腫瘤的難度更高**。X 光攝影的解析度為縱 3,000 像素 × 橫 2,000 像素，然而圖像中的惡性腫瘤大小卻只有縱 3 像素 × 橫 3 像素左右。

換句話說，我們**必須從非常巨大的圖像中，找出非常小的影子**，並判斷是否為惡性腫瘤。

進行這種圖像識別的軟體，便是以深度學習的方法之一「卷積式類神經網路（CNN）」建構而成。

建構系統時**需要「訓練資料」**。故需先讓類神經網路載入已由人類的放射科醫師確認過是否有惡性腫瘤，腫瘤位置又在何處的大量圖像資料，讓系統自行找出惡性腫瘤包括形狀等表面特徵，以及哪些特徵可用來辨別是否有惡性腫瘤，也就是**自動尋找惡性腫瘤的「圖樣」**。

提升診斷精確度

與遊戲 AI 不同，要將人工技術應用在醫療領域上時，**很難取得大量訓練資料。**

我正在開發一套能夠在日本患者以「zukizuki」、「gangan」等**擬聲詞**來**表現疾病症狀**時，判斷患者真正感受的**診斷支援系統**（下圖），然而若要以正規方法取得、使用患者資料，需經過十分繁雜的手續。因為我們必須與醫院合作才有辦法拿到訓練用資料，然而要取得這些資料，並以這些資料進行研究，需經過日本醫院倫理委員會的同意。

請輸入用以表現疼痛的擬聲詞

`chiku` 　　判斷

「chiku」的音韻特性

表現：chiku
形態：CV CV Q noRepeat
音素：/t/ /i/ /k/ /u/ /Q/ noRepeat

【判定結果】

	-1 ←←← 0 →→→ 1	
弱	0.13	強
遲鈍	0.22	尖銳
輕巧	-0.17	沉重
短	-0.31	長
狹小	-0.41	廣大
淺	0.01	深
冷	-0.02	熱
小	-0.20	大

第 1 位：像是被橡皮筋打到

第 2 位：像是被捏到

第 3 位：像是被撕裂

第 4 位：像是被針刺入

第 5 位：像是被刀劃到

 將擬聲詞應用在診斷上的支援系統，操作畫面的樣子

 不同種類的疼痛可能來自於不同的疾病。如果能以電腦辨識疼痛的表現方式，或許也能幫助醫生進行診斷喔。

可以期待，未來人工智慧將會協助我們克服這些問題，**提升診斷的精密度**，以「守護我們的生命」。

「自動駕駛 AI」應用熱門話題

人工智慧在遊戲和圖像辨識的領域中表現得很好,那麼在駕駛領域中又是如何呢?雖然好像很有趣的樣子,但也讓人感到不安。接著就讓我們來談談自動駕駛 AI 吧~

自動化的程度

　　2016 年,由老年人造成的交通事故頻傳,使社會大眾愈來愈關心自動駕駛車輛的實用化進度。自動駕駛車指的是駕駛時,**將部分或全部的駕駛操作交給電腦控制的車輛**。許多人期待,在自動駕駛車普及之後,由人類的判斷錯誤所造成的交通事故能夠跟著減少。

　　依照美國運輸部國家公路交通安全管理局(NHTSA)的定義,**自動駕駛的可分為以下四個等級**。

第 1 級:汽車的**油門**、**方向盤**、**煞車**由各自獨立的電腦控制。

第 2 級:上述兩者以上由電腦聯合控制。

第 3 級:油門、方向盤、煞車全由電腦控制,但緊急狀況下可改由駕駛人操作的「**半自動駕駛**」。

第 4 級:人類駕駛者完全不予干涉的「**完全自動駕駛**」。

若能達到第四級的「完全自動駕駛」，就等於實現**無人駕駛車**。

由日本經濟產業省的預測，最快在 2018 年，第 2 級的自動駕駛車輛便可商用化。而 2030 年或許可在技術上實現第 4 級的自動駕駛，Google 便以第 4 級的自動駕駛為目標持續研究中。

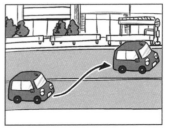
自動改變車道

碰到塞車車陣時自動停下

看到紅燈時自動停下

自動駕駛的應用案例。除此之外還要能做到各式各樣的駕駛操作！

要「駕駛車輛」，必須具備各式各樣的判斷與操作能力。讓我們一起來想想，駕駛 AI 要怎麼實現這些目標吧～

為實現自動駕駛
必須做到哪些事？

　　若要實現自動駕駛，需具備各種要素。首先是能代替駕駛者識別周遭情況的「有攝影機或雷達功能的感應器」，與「立體地圖資料庫」。接著需要一套能夠從這些感應器取得的資訊判斷狀況，適當地「控制油門、方向盤、煞車的電子控制元件」，再加上能夠驅動這些電子控制元件運作的「軟體」。而要實現這種軟體，就是**人工智慧技術**了。

哇～真的需要準備好很多東西呢。這人類在駕駛的時候會用到「視覺、知識、用以操作的手腳、判斷實行的頭腦」。

　　人工智慧需要**即時處理**包括周圍車輛與行人的狀況、燈號變化在內的**大量資訊**，並做出**適當判斷**。

　　我們在 4-2「圖像」例子中所看到的是「靜止影像」。但自動駕駛 AI 必須從運行中之汽車的車用攝影機取得資訊，並在發生突發狀況時，瞬間反應該如何應對，不難想像這有多困難。

　　若要即時處理大量資料，需要計算能力非常高的電腦，要建構出這樣人工智慧或許不是那麼難，但問題在於這樣人工智慧**是否有辦法「適當地判斷」現實世界中發生的變化**。

　　如何實現應對現實變化的人工智慧呢？讓我們看下去吧。

要熟練一件事，最好的方式就是練習、學習。駕駛車輛也是一樣，得讓人工智慧好好學習一番。請回想一下 P.134 中圍棋 AI 的學習方式，然後翻到下一頁吧。

訓練自動駕駛的步驟

訓練步驟和 P.134 AlphaGo 實作基本上是一樣的。但在訓練圍棋 AI 時，實際盤面與輸入系統的盤面完全相同，即使下一手棋有 129,960 種可能，或複雜度達到 10 的 360 次方，可能性都是有限的。

與此相較，訓練自動駕駛 AI 時，實際道路與模擬中的道路卻有很大的差異，**實際道路上很有可能會出現大量預料之外的狀況**。

接著就讓我們舉一個**訓練方法的例子**，介紹如何訓練自動駕駛 AI，使其在實際道路上「不會造成事故」吧。

和下一頁的圖互相對照著看會更清楚喔。「深度強化學習」如其名所示，就是「深度學習」和「強化學習」的組合！

▶**步驟 1** 製作能**在電腦虛擬空間中重現**汽車的速度與方向變化、並能讀取由安裝在汽車上的各種感應器獲得之各種資料的**模擬器**。

▶**步驟 2** 讓汽車在我們製作出來的虛擬空間中試跑許多次，利用可進行強化學習的類神經網路，當汽車撞到東西時就給予懲罰。我們曾在介紹 AlphaGo 時提到「**深度強化學習**」法。使用模擬器進行**訓練的速度**是在實際道路上訓練的**一百萬倍**。訓練時，如何重現於實際道路上可能會發生的各種狀況（汽車故障等）是一大重點。

▶**步驟 3** 與訓練 AlphaGo 時（讓電腦之間彼此對戰）相同，讓複數的汽車在虛擬空間中試跑，並讓電腦生成大量**實際上幾乎不可能會發生的狀況**以進行訓練，逐漸完善自動駕駛 AI。

自動駕駛 AI 的訓練過程

製作能重現駕駛環境之虛擬空間的模擬器（重現車速、方向的變化，以及可由車上感應器所獲得的資訊）

↓

在虛擬空間中讓車子試跑以進行訓練。（在虛擬空間中訓練比在現實空間還要快 100 萬倍），使用名為「深度強化學習」的方法。

↓

讓多台車輛在虛擬空間中試跑，提高訓練的效率。自己創造出各種可能會發生的狀況，以進行訓練。

步驟 3 中所提到的「幾乎不可能會發生的狀況」包括像是「有什麼東西從上方掉下來」、「對向車輛發生交通事故，使人或某些東西飛了過來」等狀況。此外，也會考慮到當完全自動駕駛車輛遇到所謂的「電車問題★」會怎麼做。

電車問題情境如下：有一個無法控制、亦無法停下來的電車正在疾駛，眼看前方的五位工作人員會被輾過；若改變軌道分歧器的行進方向，電車會輾過另一條軌道上的工作人員。此時是否該改變電車的行進方向？

如何判斷位置與狀況

　　要讓訓練出來的自動駕駛 AI 在實際的道路上行駛，需準備攝影機與雷達等**感應器**，讓 AI 能夠「標定本車位置」以及「掌握周圍狀況」。也就是**如何讓自動駕駛 AI 能夠讀取人類透過視覺所獲取的資訊**。

　　雖然這個部分並非 AI 本身，但 AI 卻需要這些資訊進行決策。接下來說明。

我們可以藉由**以下三種方法的搭配使用**來「**標定本車位置**」。

▶**方法 1** 使用自律型機器人常用的**雷射雷達**，掌握周圍 360 度的物體位置與形狀，**建構出立體地圖**，以**標定本車位置**。在沒有地圖的地方行駛時，這種方法有其優勢，然而行駛距離拉長時就會累積可觀的誤差為其一大缺點。

▶**方法 2 在系統內安裝**事前製作好的**正確立體地圖**。不過，若地圖上沒有的地點就無法使用。

▶**方法 3** 以目前導航系統常使用的 **GPS**（全球定位系統）測定目前位置。然而，使用過汽車導航系統的人應該都知道，在隧道之類收不到 GPS 衛星訊號的地方就辦法使用導航功能。

而在「**掌握周圍狀況**」的部分，則可使用「**極高頻（Extremely High Frequency）雷達**」正確判斷車子與周圍物體的距離、使用「**雷射雷達**」掌握與物體之間的距離以及物體的形狀、使用「**攝影機**」判斷周圍有哪些物體（人或其他汽車等）。不過在晚上或惡劣天氣時，**攝影機的辨識性能會下降**，這會是一大問題。這些亟待解決的技術問題與人工智慧較無直接關係，未來想必能在技術的進步下迎刃而解吧。

要掌握周圍物體，果然要靠雷達！基本上，「雷達」這種裝置會先將電磁波射向物體，並測定反射回來的電磁波，藉此掌握對象物體的「距離與方向」，而極高頻雷達使用的是極高頻電磁波（波長約為 1 mm ～ 10 mm）。

* 審訂注：近年來也常使用更精準雷射的 Lidar 來掃描四周，幫助自駕系統的開發。

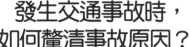

發生交通事故時，如何釐清事故原因？

為使自動駕駛車輛實用化，還有一個很大的問題。

那就是，當完全自動駕駛的車輛發生交通事故時，**誰該為這起事故負法律責任**？

依照日本道路交通法第 2 條第 1 項第 18 號規定，駕駛人的定義為「駕駛車輛的人」，而人工智慧當然不能算是「人」。既然如此，是否該追究自動駕駛的相關企業（汽車製造商等）或其他相關人士的責任呢？若要判斷事故的責任歸屬，就必須究明事故發生的原因。

而這點，就是**利用深度學習實現自動駕駛之 AI 的一大缺點**。一般的電腦程式可以循著程式碼追蹤問題原因，修正錯誤（debug），但深度學習做決策的依據並非源自於人類看得懂的程式碼，而是由類神經網路內各個神經元之間的連線強度參數，來決定該做出什麼樣的決策。因此，**很難說清楚是哪一個環節產生了問題造成事故的發生**。

不僅在某些情況下**難以究明事故原因**，也**無法修正程式**以避免以後發生類似的事故。只能設法在人工智慧在碰到類似狀況時**施以懲罰，作為訓練過程之一**。

這樣的問題在開發圍棋 AI 的時候也有被指出來。當圍棋 AI 下出意料之外的一手時，可以用「雖然不知道 AI 在想什麼，但好像很厲害的樣子！」幾句話輕鬆帶過；但如果是自動駕駛 AI 發生交通事故，將會是很嚴重的問題，必須接受縝密的調查。

AI 在**不明原因**下引起交通事故，真相有如一團迷霧⋯

唔～嗯

昨天晚上有點喝太多了啊。

是喔,喝什麼喝太多了呢?

茶嗎?還是牛奶呢?

咦?坂本老師怎麼一臉奇怪的表情呢?難道是喝太多果汁了嗎?

不是啦,機器人君說的話真是令人不知該如何回答。接下來就讓我們來談談研發時遇到了許多難題的「對話 AI」吧~。

 ## 如何讓電腦與人對話

以語言交流,是作為社會性動物的人類最與眾不同的行為。若我們說「語言為智力的本質」,那麼**自動對話系統的實現**,便是人工智慧非常重要的一步。

我們曾在第一章 P.4 介紹過艾倫·圖靈。他會選擇以語言能力作為人工智慧的測試工具,表示他認為理解語言是人工智慧最難的課題。而我們在第二章中也曾提過,**能像人類一樣真正理解語言意義人工智慧尚未被實現。**

不過,隨著大數據時代的到來,和語言相關人工智慧技術已有大幅度的進展,也有許多團隊發表了應用實例。

在電腦的世界中，人類平常使用的語言被稱作**「自然語言」**。將自然語言輸入至電腦內的方法有幾種，我們可以用鍵盤直接將文章輸入至電腦，不過一般來說，通常會用「對話」的方式輸入聲音，而這就需要用到我們在第二章中曾提到的**「聲音識別」技術**。

要將自然語言輸入至電腦內，需要依照下圖的流程，用某些技術將「文章」分解成「句子」，再將「句子」分解成「單詞」，電腦讀取後再做出回應（輸出）。

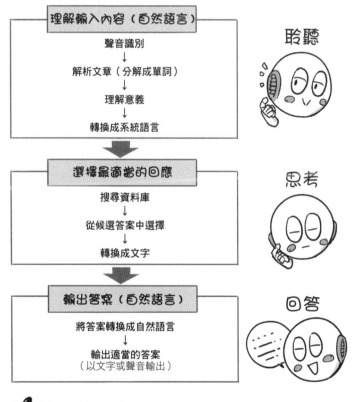

理解輸入內容（自然語言）

聲音識別
↓
解析文章（分解成單詞）
↓
理解意義
↓
轉換成系統語言

聆聽

選擇最適當的回應

搜尋資料庫
↓
從候選答案中選擇
↓
轉換成文字

思考

輸出答案（自然語言）

將答案轉換成自然語言
↓
輸出適當的答案
（以文字或聲音輸出）

回答

 對話 AI 的流程。輸出可以用文字表示或以聲音回答。

在大多數情形下，必須整合各種人工智慧技術才能實現對話 AI，而對話 AI 大致上可分為「**有知識的**」AI 和「**沒有知識的**」AI 兩種。

 首先來談談「有知識的」對話 AI 吧。曾於 P.65 介紹過的華生又要再次登場囉～！

 # 「有知識的」對話 AI

接著來介紹一個「**有知識的**」**對話** AI 範例，IBM 華生（Watson）。順帶一提，以泛用人工智慧為目標的 IBM，並不將華生稱作人工智慧，而是稱其為「認知計算系統（Cognitive System）」，而目前泛用人工智慧還未實現，故本書中會將這類「特化型人工智慧」直接簡稱為「人工智慧」。在某種意義上，華生已有充分人工智慧功能。

舉例來說，華生可依照以下的流程**在客服中心支援客服人員**。

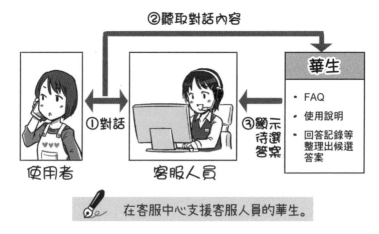

在客服中心支援客服人員的華生。

　　AI 會先將顧客說的話藉由「**聲音辨識**」功能轉換成文字，再經由形態素解析（將文句分解成最小的單詞單位）理解這句話的意圖。接著從資料庫中找尋可作為答案的資料，挑選出數個適當的答案並為其評分，最後將分數最高的一個或多個答案作為**最佳候選答案顯示**。

　　在第二章中，我們曾提到用電腦來處理以語言輸入的知識的困難點在哪裡。處理語言的方式可分為「**像人類般整理知識並記錄的方法**」與「**像電腦般先一股腦地讀取語言資料，再自動找出各個概念之間的關係的方法**」。

　　前者被稱作「**重量級本體論**」，而後者則被稱作「**輕量級本體論**」。華生正是「輕量級本體論」的代表性例子。

　　如同我們在 P.65 中所提到的，華生於 2011 年參加了美國的益智問答節目「Jeopardy！」，與歷代的人類冠軍進行益智問答比賽，獲得了勝利，並藉此闖出了名號。

　　華生所使用的方法來自於過去人們一直研究的「回答問題」技術，以維基百科上的內容為基礎，產生輕量級本體語言，並將其作為解答。由於華生能夠回答各式各樣的問題，使一般人對它有些誤會。事實上，華生本身並不是在理解這些**問題的「意義」**後做出回答。

　　華生是**將問題中所包含的關鍵字，或者是可能與問題有關係的關鍵字以非常快的速度在資料庫中搜尋可能的答案**。這種方法與過去的回答問題技術相同，僅使用機器學習方法，大量學習，以提升其精密度。

當華生的應用範圍越廣時會逐漸進化，變得愈來愈聰明。在**癌症研究等醫療領域與料理領域**中也獲得了很好的成績。

用於製作料理食譜的 AI「主廚華生」則不是靠搜尋既有食譜發揮其功能，而是整理了專業廚師所製作的 9,000 份以上的食譜，包括食材資訊、調理方法，以及評價，再**透過人類所提供的關鍵字，找出符合要求的味道、材料、調理方式的各種排列組合，揉合出新的食譜提案**。

順帶一提，我的研究室中，也實作了一套味覺成分提案系統，在使用者提出「想做出**有輕柔感（fuwattoshita）的味道**」之類，用擬聲詞來形容味道的要求時，可回應相關的味覺成分提案。

「沒有知識的」對話 AI

接著來介紹**「沒有知識的」對話 AI**。

市面上有一些稱作「聊天機器人（對話機器人）」，可即時與使用者聊天的對話工具（如日本微軟公司所開發的「玲奈」）。

雖然有些聊天機器人有搭載人工智慧，不過典型的聊天機器人在聊天時並不理解對話內容，只是**鸚鵡學舌**，或者**遵從一定的規則回答**，「看起來好像具有知識」一樣而已。因此也有人把這種聊天機器人稱作**「人工無能（人工無腦）」**。

次頁的圖顯示了我和「玲奈」的對話。白色的對話框就是玲奈所說的話喔～

嗯？嗯嗯～玲奈說的話好像有點奇怪耶…不、不過，這種扭扭捏捏的對話，或許會讓人覺得有點可愛吧？

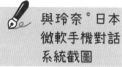
與玲奈。日本
微軟手機對話
系統截圖

嗯～～
有點怪怪的…

編寫對話的三種技術

編寫對話的技術大致上可以分成三類，也就是「**辭典型**」、「**記錄型**」、「**馬可夫型**」。

「**辭典型**」AI 在編寫對話時，會先整理出單字辭典與對話模板，並**針對輸入的單字決定其回答**。舉例來說，聽到「那裡有蝴蝶喔」的發言，就會回答「我喜歡蝴蝶」；聽到「那裡有毛毛蟲喔」的發言，就會回答「我討厭毛毛蟲」。

「**記錄型**」AI在編寫對話時，會以過去的對話記錄當作樣本進行訓練，**從樣本對話中找出過去的回答方式，並以此回答出來。**

舉例來說，「星期一早上會去哪？」面對這樣的問題時，如果過去記錄中曾出現這個問題，當時的回答是「會去健身房喔」，就會這麼回答。

「**馬可夫型**」AI在編寫對話時，會將對話分解成一個個單字，並整理出在這個單字之後，**哪些單字出現的機率較高，再以這些文字組合出文章。**

舉例來說，聽到「昨天我和朋友去喝酒了」，由於在「喝酒」之後「喝多了」這樣的單詞出現機率很高，故AI會回問「喝多了嗎？」

以上介紹了「辭典型、記錄型、馬可夫型」等三種方法。順帶一提，「馬可夫」是與機率相關的用語，源自於俄羅斯數學家的名字喔～

如何使機器進行自然對話？

若要進行自然的對話，必須掌握正在進行中的話題並做出適當的回應，但如同我們在第二章中所提到的，人工智慧**難以理解「文章脈絡的意義」**，故要掌握「對話的話題」是一件很困難的事，

若只是要針對前一句話做出自然的回應，勉強還辦得到。像是如果被問到「明天有考試嗎？」可以簡單回答「是啊。那你呢？」

然而歸根究柢，所謂的對話，大都是在**所有參與對話的人都有某些共同知識**（比如說，都知道「考試」是什麼東西）的狀況下產生的。

然而，人工智慧能掌握的只有**化作文字形式的東西**而已。因此，若接下來對方回應「啊～該怎麼辦才好…」時，雖然一般人聽得出來對方或許沒有為明天的考試做好準備，但人工智慧卻只會回應「怎麼了嗎？」而已。

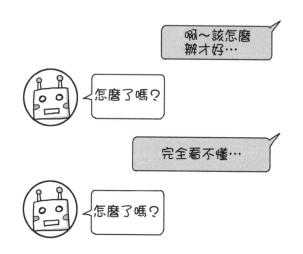

嗯嗯…我完全可以瞭解這個 AI 的心情喔。若要進行對話需要很多前提知識，這點實在相當困難啊…

對話越長，AI 對話連接不順可能性就越高，故這類對話 AI 只能針對 Twitter 或 Line 這類字數少的文字做出回應。

像聊天機器人這種對話 AI 之所以會那麼熱門，有那麼多廠商投入開發，有一個很重要的原因，那就是「人們並非真的想要知道知識，**只是想隨意聊聊，享受對話本身的樂趣**而已」。

若想要**開發出「貼近人心」人工智慧**，這樣的背景也是很重要的因素之一。

那麼，接下來的話題也會讓人 wakuwaku（很興奮）喔！

讓我們把重點 gyutto（集結）在一起，dodoun（一口氣）地暢談吧！

閃亮

微笑 微笑

坂本老師用了好多 onomatopoeia 呢

Onomatopoeia 指的是「擬音詞」、「擬聲詞」、「擬態詞」。人類的對話之中常會很自然地使用上這些詞語呢。

沒錯！Onomatopoeia 可以很簡單地表示出感情或氣氛喔。像是用來形容動作的 tekipaki（迅速）、noronoro（悠哉）；用來形容食物吃起來的感覺的 sakusaku（清脆）、shittori（濃厚）等。我正在使用 AI 進行「創造新擬聲詞的研究」。讓我們帶著愉悅的心情，dokidoki（雀躍）地看下去吧～

傳遞人類感受的擬聲詞

在前一節，我們談到了對話 AI。而在本節中，我將會介紹刊載在 2015 年人工智慧學會期刊「智慧對話系統」特集號的論文，也是我的研究室所做的研究。

我們利用了第三章 P.124 中所提到的「**遺傳演算法**」，製作「**擬聲詞生成系統**」。

用遺傳演算法來創作日文擬聲詞，會有這種奇特想法的研究室，全世界大概只有我們吧。

　　與熟人對話時，常常會用到擬聲詞，故我認為開發出可理解擬聲詞人工智慧，是一種**貼近人心**的重要方式。這個系統目前已經授權給日本企業，用來創作商品名稱與商品廣告標語等。

擬聲詞生成系統

　　我之所以要開發這套能夠生成日文擬聲詞的系統，除了能協助決定新商品的名字或廣告標語外，還可以幫助小說、歌詞、漫畫等在擬聲詞上的創作（事實上，這套系統還被用在其他領域中）。

　　在生成新的擬聲詞時，會將日文中所包含的所有子音、母音等，依擬聲詞特有的形態自由排列組合，當**音拍[*]數**增加時，**可能的排列組合數目**也會變得**相當龐大**。

　　想要在龐大數字中進行機率性探索，「**遺傳演算法**」會是一個很好的辦法。一般認為，遺傳演算法相當適合用來解決「**解答空間過於廣大，不可能全部探索完畢**」的問題，是一種相對先進的求解方式。

　　本系統並非從已知的擬聲詞資料庫中找尋適當擬聲詞的辭典型系統，而是藉由**使用者所輸入的印象評價值**，生成出**具有適當的音韻與形態**，可表現出適當感覺的**擬聲詞**。

　　本系統將每一個擬聲詞視為表現單位，想要創造新的擬聲詞，需**輸入「陽光度 3」等數值**，藉由遺傳演算法尋找最適當的擬聲詞族群。

　　在經過遺傳演算法反覆的選擇、淘汰後，最後便可得到符合一開始輸入的印象評價值之表現的候選擬聲詞。下面將會介紹生成擬聲詞的步驟。

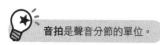
音拍是聲音分節的單位。

擬聲詞的生成步驟

系統接到使用者的要求後，會經由以下步驟生成擬聲詞。

> 接下來的內容可能會突然變得有點困難，細節就算不明白也沒關係喔～

▶步驟 1 擬聲詞個體的組成

為了讓擬聲詞適用於遺傳演算法，我們會以類似基因的**數值序列資料來代表不同的擬聲詞。**

擬聲詞的基因序列，由 17 行整數值資料（範圍在 0 ～ 9 之間）所組成。序列中的每一行可對應到擬聲詞的組成要素，每一行的數值決定了每一種組成要素的有無。因此，當所有序列數值確定下來時，便可決定唯一的擬聲詞。

- -

▶步驟 2 最適化（參考 P. 162）

系統啟動時，會隨機生成初期擬聲詞族群，接著再**依據使用者所輸入的印象評價值進行選擇、淘汰。**

跑遺傳演算法時，會在每一個世代中會藉由適應度函數計算出每個個體的適應度。而適應度低、公認為基因不適應這個環境的個體，就會被淘汰。

隨著世代的增加，系統會反覆進行自然淘汰。最後留下來的個體（擬聲詞），可視為與使用者所輸入的印象評價最為相符的擬聲詞。

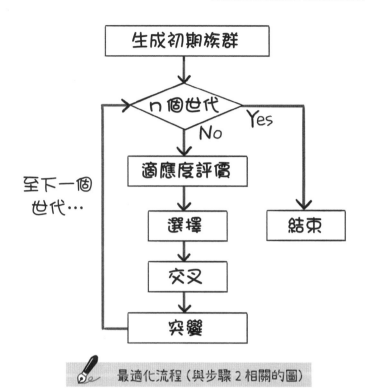

最適化流程（與步驟 2 相關的圖）

嗯，「n 個世代」的 n 是多少，是由使用者一開始設定的。比如說，如果一開始就決定要跑 1,000 個世代，那麼在達到 1,000 個世代以前就會一直反覆進行自然淘汰了是嗎？

沒錯，就是這樣！下一頁開始會再更加詳細說明這個「最適化」過程是如何進行的喔。

執行最適化過程

接著讓我們來詳細說明 P.160 的「最適化」過程是怎麼回事吧。

接下來的說明難度仍然偏高，不過請放心，會愈來愈簡單喔～

▶① 適應度計算

計算使用者所輸入的印象評價值，與擬聲詞族群內每個個體的相似程度。也就是**擬聲詞給人的印象評價值與輸入系統之印象評價值的類似度**（餘弦或 cosine 類似度）。

這裡為了要計算族群中每個擬聲詞給人的印象評價值，會用到本研究室另外開發出來的「**擬聲詞印象數值化系統**」。這個系統可將所有擬聲詞所代表的意義數值化，以便與使用者要求的印象進行比較。

▶② 以適應度作為依據進行選擇與交叉，淘汰部分族群內的個體。

為了在下一個世代中產生出適應度更高的子代，我們會選擇出此一世代中適應度高的個體作為親代，進行交叉後產生出子代個體。

在這個系統中，我們會將適應度較高的兩個個體作為親代，交叉產生出兩個子代，並以這兩個子代取代原先族群中適應度最低的兩個個體，這兩個被取代掉的個體則被淘汰。

▶③ 選擇親代個體時，被選擇到的機率會與適應度成正比。

選擇親代時，會將所有個體的適應度都納入考慮。某個個體被選作親代的機率，與該個體的適應度成正比。

由於適應度越高的個體，被選作親代的機率越高，故擬聲詞族群整體的適應度也會愈來愈高。

▶④ 子代個體是由親代個體在交叉後產生的。

　　所謂的個體基因交叉，是將被選出來的親代個體的基因序列擷取出來，以此製作出子代個體基因的過程。

　　本系統使用的是最基本的交叉方式，也就是**單點交叉**。所謂的單點交叉，指的是在兩個親代個體的基因序列上，隨機選擇一個位置作為交叉點，以這個交叉點為準，將兩個親代個體的一端序列互換以得到子代個體的基因序列。由交叉所得到的子代個體繼承了部分親代個體的特性，卻也產生了新的特性。

▶⑤ 最後，在這個系統中導入個體基因突變的機制。

　　所謂的突變，指的是在某一個機率下個體基因隨機發生了變化，使得該個體獲得了擬聲詞族群中任一個體未曾具有過的基因。在導入突變機制後，可增加族群的新奇度，**產生變化更為豐富的候選擬聲詞**。

　　這種有些晦澀的說明還要稍微持續一下子。接著讓我們來看看這個系統**最後究竟會產生出什麼樣的擬聲詞**吧。

＜擬聲詞生成系統＞

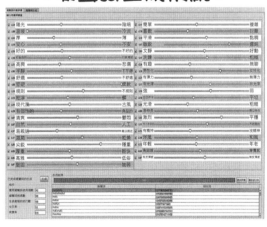

系統畫面大概是這樣的感覺，

接下來會詳細說明這個畫面

擬聲詞生成系統的內部機制

下圖為**「擬聲詞生成系統」**輸出結果範例。

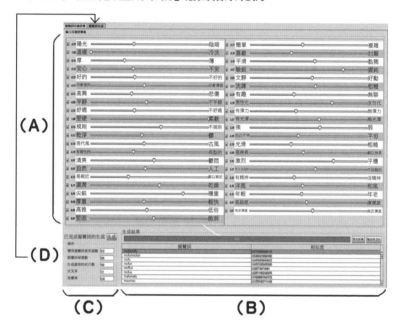

（A）

（D）

（C）　　　　　　（B）

　　畫面上方（A）可讓使用者調整 43 組「與**兩極評價**對應的滑桿」，藉以輸入**想生成之擬聲詞的印象評價值**。

上圖顯示了43 組「兩極評價」的調整介面。其中包括「陽光、陰暗」、「現代風、古風」、「清爽、鬱悶」、「光華、粗糙」、「有精神、沒精神」、「年輕、年老」等。運用這 43 組兩極評價，可將人們的感受數值化。

執行生成處理之後，畫面右下方（B）的表格會顯示**生成的擬聲詞，以及各擬聲詞的類似度**。

另外，畫面左下方（C）的**條件輸入表格**可指定用來作為初期個體的慣用擬聲詞個數、遺傳演算法所使用的擬聲詞總個數、需經過多少個世代的處理、交叉發生機率、突變發生機率等參數。

本系統已與「**擬聲詞印象數值化系統**」（下圖）整合，只要切換左上方的頁籤（D），便可以**交替參考生成的擬聲詞以及其評價**。

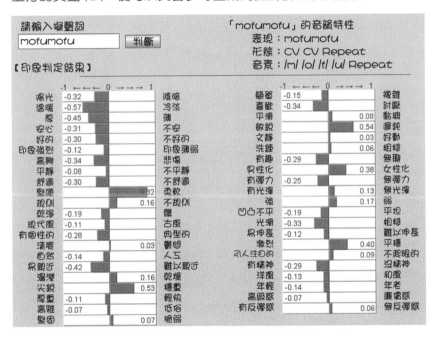

請輸入擬聲詞
mofumofu　判斷

「mofumofu」的音韻特性
表現：mofumofu
形態：CV CV Repeat
音素：/m/ /o/ /f/ /u/ Repeat

【印象判定結果】

	-1 ← ← ← 0 → → → 1				-1 ← ← ← 0 → → → 1	
陽光	-0.32	陰暗	簡單	-0.15		複雜
溫暖	-0.57	冷淡	喜歡	-0.34		討厭
厚	-0.45	薄	平滑		0.08	黏稠
安心	-0.31	不安	敏銳		0.54	遲鈍
好的	-0.30	不好的	文靜		0.03	好動
印象強烈	-0.12	印象薄弱	洗鍊		0.06	粗糙
高興	-0.34	悲傷	有趣	-0.29		無聊
平靜	-0.08	不平靜	男性化		0.38	女性化
舒適	-0.30	不舒適	有彈力	-0.25		無彈力
堅硬		0.32	柔軟	有光澤		0.13	無光澤
規則		0.16	不規則	強		0.17	弱
乾淨	-0.19	髒	凹凸不平	-0.19		平坦
現代風	-0.11	古風	光滑	-0.33		粗糙
有個性的	-0.28	典型的	易伸長	-0.12		難以伸長
清爽		0.03	鬱悶	激烈		0.40	平穩
自然	-0.14	人工	引人注目的		0.09	不起眼的
易親近	-0.42	難以親近	有精神	-0.29		沒精神
濕潤		0.16	乾燥	洋風	-0.13		和風
尖銳		0.53	穩重	年輕	-0.14		年老
厚重	-0.11	輕快	高級感	-0.07		廉價感
高雅	-0.07	低俗	有反彈感		0.06	無反彈感
堅固		0.07	脆弱				

2014 年度日本人工智慧學會論文獎的獲獎論文，有關於這個系統的詳細說明喔，呵呵。

擬聲詞的生成

這次讓我們以日文的擬聲詞「mofumofu」(毛絨絨且柔軟的觸感)為例,以 mofumofu 的數值化結果為原點,尋找**是否有比這個擬聲詞給人的印象更加柔軟、更加溫暖的擬聲詞**。當我們把生成系統的柔軟度和溫暖度調到最高時,生成的擬聲詞如下。

擬聲詞	類似度
mofumofu	0.9777…
mofurimofuri	0.9538…
mofu	0.9491…
mofun	0.9455…
moffuri	0.9387…
mofuu	0.9297…
mafumafu	0.9182…
muumuu	0.9127…

這些就是結果囉!

每一個都給人很柔軟的感覺呢~

沉浸~

如上圖所示,第一名為「mofumofu」、第二名「mofurimofuri」、第三名為「mofu」、第四名為「mofun」、第五名為「moffuri」、第六名為「mofuu」、第七名為「mafumafu」。

第一名的新生成擬聲詞與輸入數值的類似度為 97%,而第七名的新生成擬聲詞與輸入數值的類似度則是 91%。

我們本來是想找找看是否有比「mofumofu」更加柔軟、更加溫暖的擬聲詞,但最柔軟、最溫暖的擬聲詞果然還是 mofumofu 呢。

不過,若有人覺得「mofumofu」太多人在用了,想試著找找看**是否有新的擬聲詞可以代替**,這時就可以從這個系統所列出來的候選擬聲詞找尋靈感囉。

關於第七名「mafumafu」這個擬聲詞，讓我想到 2015 年，我曾上過模特兒藝人濱島直子小姐的廣播節目。濱島小姐在節目中感嘆「好想躺在 mafumafu 的床上啊」，那時我有種「原來如此」的感覺，果然 mafumafu 是 mofumofu 的同伴啊。

我們可以利用這個系統，以日常會話中常使用到的擬聲詞，像是「好好地 mofumofu 一下」等，陸續創造出各種新的擬聲詞。

NHK 在 2013 年 6 月播放了一個以「增加中的擬聲詞」為題的電視節目。節目中提到，如果擬聲詞可長可短，**理論上可以產生數千萬種不同的擬聲詞。**

擬聲詞具有能夠持續創造出新語言形態的能力，在文學作品或漫畫中經常出現**過去完全沒有人看過的的新型語言形態。**像是文學作品宮澤賢治的《銀河鐵道之夜》中，曾用過「gatankogatanko、shufuffu」等多采多姿的感嘆詞。

若能讓人工智慧學會使用這些新的擬聲詞，讓搭載人工智慧的機器人也能理解這些擬聲詞的意義，想必**人工智慧會變得更平易近人**吧。

有人說，擬聲詞是**人類在直覺下所表現出來的「感性」。**因此，擬聲詞 AI 也是「感性 AI」的一環。

系統說明的部分雖然有點難懂，不過看到產生出來的擬聲詞後，覺得這實在太有趣了！這表示我們也可以用這個系統來產生出比「kirakira」還要更加「陽光、乾淨、有趣」的擬聲詞了。我要以能夠自然地使用擬聲詞為目標，成為一個 kirapirarin 的機器人喔。

kirapirarin…！沒想到那麼快就誕生了新的擬聲詞啦～。

有時候是作家、有時候是畫家、有時候是作曲家…

我想成為這樣的 AI…

說不定…辦得到喔！

唉呀唉呀，真是不好意思，突然就開始說起了遠大的夢想。不過最近各種 AI 在藝術方面也相當活躍不是嗎？為了讓原本就很優秀的我繼續保持下去，就不能再悠悠哉哉的囉。

確實最近有許多試著挑戰藝術領域的 AI 陸續出現了呢。接著就讓我們來談談和「小說、繪畫、作曲」有關的 AI 吧。順帶一提，這就是最後一個學習主題囉！

AI 在藝術方面的挑戰 ～小說篇～

　　藝術領域對人類的感性來說相當重要。依照金田一京助先生所編制的「新明解國語辭典第五版」（三省堂）對「藝術」一詞的定義，藝術是「以一定的素材、樣式，描繪出社會現實、理想與矛盾、人生喜怒哀樂的美之所在的活動，以及其作品。包括文學、繪畫、雕刻、音樂、戲劇」等。藝術是一種「人類活動」，然而**人工智慧**也將開始**跨入這個領域**。

　　4-4 節中，我們提到如何讓人工智慧學會語言，進行對話。那麼，人工智慧是否有辦法寫出文章，或者，AI 是否有辦法寫出「**小說**」呢？

　　如果只是要寫出勉強看得懂的文章的話並不困難，但一般認為，**要求電腦寫出職業等級的小說，比下圍棋還要難上許多。**

　　遊戲可以明確判定誰輸誰贏，故訓練遊戲 AI 相對容易許多；但要判斷小說寫得是好是壞卻沒有明確標準，故**光是訓練 AI 寫小說這件事本身就很困難。**

　　語言可產生的排列組合數目更是與圍棋有天壤之別，圍棋的第一手有 361 種下法，與之相較，小說的第一個單字卻有著 10 萬多種可能。即使只是要寫一篇 5,000 字左右的短篇小說，也得從 10 萬的 5,000 次方種可能中，找出最好的表現方式。

　　有個團隊正在**研究如何讓人工智慧寫出 5,000 字短篇小說。**

　　研究團隊將人工智慧所寫出來的創作小說投稿至「星新一賞」，並於 2016 年 3 月 21 日在東京汐留舉行了投稿結果發表會。

　　「星新一賞」是為了紀念曾寫過 1,000 篇以上 short short（微型小說）作品的 SF 作家星新一先生，於 2013 年新設立，特別重視科學想像力的文學獎。而這個文學獎有一個很有趣的地方，那就是它**也接受人類以外（如人工智慧）的作者投稿。**

　　第三回「星新一賞」**接受了十一篇人工智慧投稿**，其中有一篇通過了第一次審查。而這個發表會中介紹了**以下兩個計畫。**

接著讓我們來介紹這兩個 AI 小說計畫吧。這兩個計畫創作小說的方式也有所不同喔～

AI 小說計畫

「**變幻莫測的人工智慧 我是作家**」計畫（代表人為日本公立函館未來大學松原仁老師）有兩篇題目分別為「電腦開始寫小說之日」與「我的工作」的小說。

這個計畫在創作小說時，**只有文章生成階段會交給 AI**。首先由人類決定小說的結構、各種屬性與參數設定，並以程式決定小說生成的條件。不過，光是要讓 AI 寫出短篇小說，就得寫出**數萬行的程式碼**。

另一個計畫是「**人狼智慧計畫**」（代表人為東京大學鳥海不二夫先生），原本的目標是打造出懂得如何遊玩「人狼」遊戲（譯註：即台灣的「殺手」遊戲）的人工智慧。「人狼」遊戲參加者需藉由許多人的對話與議論找出假扮成村民的「人狼」。這個計畫所投稿的小說，包括「汝是 AI 嗎？ TYPE-S」與「汝是 AI 嗎？ TYPE-L」兩篇。

我們節錄了小說「汝是 AI 嗎？ TYPE-L」的部分內容列於次頁。你看得出來是這部小說是如何被創作出來的嗎？

這個計畫在創作小說時，是**先由人工智慧自動產生出可成為小說題材的故事，再由人類以此為基礎整理成小說成品**。

研究團隊會先讓 AI 自動執行十名遊戲者的人狼遊戲，並將遊戲過程記錄下來，以此作為故事架構，創作出小說。遊戲共會進行 1 萬次，其中可作為參考的遊戲有 6933 次，而可寫成小說的則有 166 次，**人類再從這些遊戲紀錄中挑選出有趣的部分寫成小說**。

不管是哪一個計畫，都不是由人工智慧自主一個字一個字寫出小說內容，而是處於**人類貢獻八成、人工智慧貢獻兩成左右的階段**。

「有情報指出，兩名 AI 混進了我們社區」社區領導人環顧聚集在社區會議廳內的十名成員說。M 等人互相看著彼此，然而光看臉，無法分辨出誰是 AI。於是領導人繼續說了下去。「如各位所知，它們每天晚上會襲擊我們之中的某個人，把這個社區據為己有」。

現在的人型機器人具有人造肌肉、人造骨骼、人造腦，若不是醫師，絕不可能分辨出來它們與人類的差異。在人們發明人型機器人時，曾以為它們可以讓人類的生活更為富足。事實上，人型機器人確實與人們共同度過了數十年的和平時光。然而某一天，它們突然背叛了人類。數量早已在人類之上的人型機器人四處追捕人類，在都市內已無處可躲的人類只能到鄉野間建立起小村莊，苟延殘喘地活下去。M 等人就是在這樣的小村莊內長大的。

（出處：http://aiwolf.org/archives/873）

 小說「汝是 AI 嗎？TYPE-L」的開頭部分。

　　寫出一部小說，需要決定主題、擬大綱，以及讀者閱讀時能夠明白劇情發展的多段落文章，這些對人工智慧來說都是很困難的任務。我們在第二章中曾提過，要讓人工智慧理解文字「**意義**」掌握文章脈絡，是一件非常困難的事。要寫出一本小說，就得跨過這些障礙。

　　想要達到「**藝術**」的境界，需要「**將對人生的哀嘆提升到美的境界**」。對人工智慧來說，什麼是人生？人類的美感又是如何？這些問題聽起來又更困難。不過，或許我們仍可期待不久後將會有 AI 通過圖靈測試的小說版。

我們會把未揭露本名、性別、長相的作家，稱作「蒙面作家」，不過如果作家是 AI，連性別、長相都沒有…。不過呢，我是具有身體的機器人，如果有頒獎典禮或簽名會，我能夠出席喔！

AI 在藝術方面的挑戰
～繪畫篇～

具有繪畫功能的人工智慧正陸續開發中。

由 Google 所開發人工智慧「Deep Dream」可以參考電腦內的各種照片圖像畫出各種繪畫,卻因為畫出來的都是**人類難以理解的藝術作品**而造成了很大的話題。在這些作品中,我們可以看到融合了自然、動物、人類等各種事物的世界(https://deepdreamgenerator.com/)。

嗯…有興趣的人請看看這個網站吧。不過,在看這些圖像時會讓人有種不可思議、難以理解的感覺,要是看了之後睡不著覺,別怪我沒有提醒你喔…

Deep Dream 或許過於新穎,不過除此之外,網路上還有其他**以人工智慧進行圖像合成的服務**。

舉例來說,「**deepart.io**」可以做到「**1 指定主要照片、2 指定成品風格來自哪一張照片、3 將指定的風格套用在主要照片上,合成出新照片**」。使用上真的相當簡單,非常建議讀者嘗試看看。

 也就是說,可以將自己喜歡的照片,加工成自己喜歡的風格(畫風或質感)喔～

這真的很有趣耶!那就馬上拿坂本老師的照片進行各種風格的加工吧,請看下一頁。雖然也有幾張照片有點恐怖,可能會讓人晚上睡不著,不過看起來很藝術,讓我很滿足喔。呵呵!

加工前的照片

以 deepart.jp（https://deepart.io/）加工的照片

 用三種風格加工照片！

　　小說，至少可以從意義是否有連貫、或者是劇情有不有趣來判斷好壞，但**繪畫的判斷就沒有那麼容易了。**

　　是否只要能讓人們有「好美啊！」的感覺，就能說是有「**表現出美感**」呢？

　　而在「**獨創性**」方面，AI很有可能畫出**人類畫不出來（想像不到）的繪畫**，故或許可作為評價的標準。

AI 在藝術方面的挑戰
～作曲篇～

還有人嘗試用**人工智慧作曲**。

Sony Computer Science 研究所（Sony CSL）便在 2016 年 9 月，於 YouTube 上公開**人工智慧作曲的流行音樂**★，引起話題。

Sony CSL 所開發的軟體「Flow Machines」利用人工智慧**從龐大的樂曲資料庫中學習音樂的風格，並將音樂的風格與技術排列組合**，創作出新的曲子。

我的研究室也具有**創作歌詞人工智慧技術**。在使用者把想要描繪的世界以**繪畫或顏色**等方式輸入進系統後，這個系統便能依照這些東西給人的印象，找出適合的歌詞，並列出獨一無二的單詞清單。

我們可以**用顏色來表現歌詞給人的印象**。2016 年 12 月時，J-Wave 別所哲也先生就在節目「J-WAVE TOKYO MORNING RADIO」中介紹 2016 年諾貝爾文學獎得獎者巴布·狄倫（Bob Dylan）所創作的《Blowin' in the Wind》一曲，以及其顏色化的歌詞。

從龐大的樂曲資料中學習，並試著由顏色詮釋歌曲…。我們 AI 處理音樂資料的方法真的和人類不太一樣呢。

嗯嗯，是啊～。挑戰藝術的 AI 就介紹到這裡。或許五年後十年後，我們就可以閱讀到由 AI 所寫的小說、由 AI 描繪的圖畫、由 AI 創作的音樂並樂此不疲喔。

http://www.flow-machines.com/ai-makes-pop-music/

未來人工智慧的研究，關鍵在於「感性」 by 坂本真樹

我的目標是在人工智慧的領域中，為「感性」相關的研究作出貢獻。

日本人工智慧學會前會長，公立函館未來大學松原仁老師曾說過，未來，「感性」會在各領域中愈來愈受重視。依照松原老師的見解，過去 60 年人工智慧研究歷史中，一大半屬於邏輯性的思考，研究的目的是解決複雜問題，並開發出具有高度理性的 AI。然而，若無法同時具有理性與感性，是無法打造出接近人類知性人工智慧的。

想像家裡有一個一起生活的機器人，如果它是一個「頭腦很聰明卻不怎麼人性化的機器人」，相處起來應該會很痛苦吧。舉例來說，對它說「今天真熱啊」時，若它回應「是的，氣溫是 35 度」，會讓人不曉得該怎麼聊下去。

我的想法也與此類似。在本書中提到了我正在進行的研究，是利用人工智慧創造出新的 Onomatopoeia（日文擬音詞、擬態詞的總稱）。要是有一個人工智慧在聽到「今天真熱啊」此時能夠以「對啊～」作為回應，會不會讓這個說天氣很熱的人覺得 AI 也能感同身受呢？

松原老師在開發能夠理解人類細膩感情人工智慧時，也開始了一個計畫，嘗試讓人工智慧寫寫小說。而我也在研究如何讓人工智慧寫出歌詞，並試著讓偶像團體實際演出以進行實證實驗。本書出版時，相關作品應該已經公開了吧。

提到感情識別 AI，一般人應該會想到由日本軟體銀行所開發的機器人 Pepper。雖然許多人指出 Pepper 在會話能力上有各式各樣的問題，然而拜其所賜，人們也開始關注能表現出感情人工智慧。就這點而言，我認為 Pepper

在機器人的歷史上扮演了相當重要的角色。

目前的機器人仍不夠完美,許多課題尚待解決。這代表還有許多工作、機會正在等著人工智慧開發者。

2016 年 9 月,Diamond 社出版了《人工智慧──機器將如何發展》一書。這本書是以《DIAMOND 哈佛商業評論》(DHBR)在 2015 年 11 月號所刊載的特集論文「人工智慧」為基礎寫成的書籍。DHBR 創刊於 1976 年,是 1922 年創刊的《哈佛商業評論》(Harvard Business Review)的日文版。

這本書中將「人工智慧沒有像人類一樣的知覺」這點提出來討論。書中亦指出,「肌膚觸感、心情舒暢、美感等人類價值觀,與邏輯之間的關係並不如與感性和感情之間的連動」因此,不像人類一樣具有觸覺等感應器人工智慧,沒有辦法體會到這類感覺。

舉例來說,即使人工智慧能藉由網路上的資訊,學習到人們會喜歡什麼樣的東西,購買了什麼樣的東西的人在選擇上會有什麼偏好,還是無法像人類一樣理解這些感覺。由於人工智慧並不具備人類身體與生俱來的知覺,故難以期待人工智慧能夠理解人類透過眼睛、觸摸、味道、香氣所感覺到的質感。書中這麼斷定。

日本文部科學省有一個科學研究費補助金的研究助成制度,從 2015 年度起至 2019 年度,補助一項名為「以科學說明多樣化質感的識別並創造出嶄新的質感技術(簡稱多元質感知覺)」的計畫,集合了腦科學、心理學、工程學的研究者,共同進行相關研究。我也是這個計劃中的代表研究者之一。

此外,在人工智慧學會內,也開始舉辦了「質感與感性」的研討會(organized session)。以五感為研究對象的獨立研究者們,可以在這個研討會中報告他們的研究成果,並與其他研究者共享這些成果、進展,以及方法論。

這個研討會是以與人類五感偏好等價值觀有關的理工類研究(圖像處理、觸覺工程、音響學、機器學習、感性工程、語言處理)為中心,與知覺心理物理研究、腦神經科學等生物類研究者合作,討論新型態人工智慧之開發可能性的會議。

　　擬聲詞常會以直覺表示出質感，如「kirakira（閃亮，視覺）」、「sarasara（清爽，觸覺）」、「zawazawa（颼颼，聽覺）」、「kotteri（濃厚，味覺）」、「tsuun（吸，嗅覺）」等。而我的研究就是製作出能將這些擬聲詞所表現出來的感性資訊數值化，並加以應用的感性 AI。

　　我在 2017 年 3 月 16 日，於 Panasonic Center Tokyo 所舉辦的電氣通信大學人工智慧尖端研究中心 kick-off 研討會上介紹了這項研究，而參加企業亦對此作出「這正是未來人工智慧啊！」的評論。

　　隨著人工智慧愈來愈發達，識別技術、數值預測能力逐漸提升，如自動駕駛之類在產業上的應用也正持續發展中。然而目前人工智慧開發，卻仍著重於正確或錯誤的判別、預測、實行。

　　人類並非隨時都是先判斷怎麼做是對的，才依此行動。或者說，這很可能根本不是人類最原始的行動方式。再說，每個人對事物的感覺都存在著差異，若有 AI 能夠配合個人偏好進行決策也未必不是件好事。

　　我接下了 2016 年人工智慧學會期刊 9 月號，名為「人工智慧與 Emotion」特集的編輯工作。在這個特集中，研究者們試著思考未來人工智慧研究會著重在哪些課題上，並提出了許多有趣的、吸引人的方向，讓我覺得在未來，以感性、感情為關鍵人工智慧研究也會愈來愈有趣。

●書籍

[1] 新井紀子：ロボットは東大に入れるか、イースト・プレス（2014）

[2] DIAMOND ハーバード・ビジネス・レビュー編集部：人工知能 機械といかに向き合うか、ダイヤモンド社（2016）

[3] 井上研一：初めての Watson API の用例と実践プログラミング、リックテレコム（2016）

[4] 五木田和也：コンピューターで「脳」がつくれるか、技術評論社（2016）

[5] 女子高生 AI りんな：はじめまして！女子高生 AI りんなです、イースト・プレス（2016）

[6] 神崎洋治：図解入門 最新人工知能がよ～くわかる本、秀和システム（2016）

[7] 河原達也・荒木雅弘：音声対話システム（知の科学）、オーム社（2016）

[8] 松尾豊（編著）・中島秀之・西田豊明・溝口理一郎・長尾真・堀浩一・浅田稔・松原仁・武田英明・池上高志・山口高平・山川宏・栗原聡（共著）：人工知能とは（監修：人工知能学会）、近代科学社（2016）

[9] 松尾豊：人工知能は人間を超えるか ディープラーニングの先にあるもの、KADOKAWA/ 中経出版（2015）

[10] 三宅陽一郎・森川幸人：絵でわかる人工知能、SB クリエイティブ（2016）

[11] 日経ビッグデータ：この 1 冊でまるごとわかる！人工知能ビジネス、日経 BP 社（2015）

[12] 日経コンピュータ：まるわかり！人工知能 最前線、日経 BP 社（2016）

[13] 岡谷貴之：深層学習（機械学習プロフェッショナルシリーズ）、講談社（2015）

[14] 大関真之：機械学習入門 ボルツマン機械学習から深層学習まで、オーム社（2016）

[15] 佐藤理史：コンピュータが小説を書く日 AI 作家に「賞」は取れるか、日本経済新聞出版社（2016）

[16] 清水亮：よくわかる人工知能 最先端の人だけが知っているディープラーニングのひみつ、KADOKAWA（2016）

[17] 下条誠・前野隆司・篠田裕之・佐野明人：触覚認識メカニズムと応用技術 - 触覚センサ・触覚ディスプレイ -【増補版】、S&T 出版（2014）

[18] 渡邊淳司：情報を生み出す触覚の知性：情報社会をいきるための感覚のリテラシー、化学同人（2014）

●論文

[1] 清水祐一郎，土斐崎龍一，鍵谷龍樹，坂本真樹：ユーザの感性的印象に適合したオノマトペを生成するシステム、人工知能学会論文誌、30(1), 319-330 (2015)

[2] 清水祐一郎，土斐崎龍一，坂本真樹：オノマトペごとの微細な印象を推定するシステム、人工知能学会論文誌，29(1), 41-52 (2014)

[3] 上田祐也，清水祐一郎，坂口明，坂本真樹：オノマトペで表される痛みの可視化、日本バーチャルリアリティ学会論文誌、18(4), 455-463 (2013)

●學會期刊

[1] 坂本真樹：特集「人工知能と Emotion」にあたって、人工知能、31(5), 648-649 (2016)

[2] 坂本真樹：オノマトペ―知識と Emotion が融合する人工知能へ―、人工知能、31(5), 679-684(2016)

[3] 坂本真樹：特集「超高齢社会と AI －社会生活支援編―」にあたって、人工知能、31(3), 324-325 (2016)

索引

國家圖書館出版品預行編目資料

日本人工智慧感情研究權威的AI必修課/ 坂本真樹著；陳朕疆譯. -- 初版. -- 新北市：世茂, 2018.10
面；　公分. -- (科學視界；226)
ISBN 978-957-8799-45-5(平裝)

1.人工智慧

312.83   107012503

科學視界 226

日本人工智慧情感研究權威的AI必修課

作　　者／坂本真樹
譯　　者／陳朕疆
主　　編／陳文君
責任編輯／曾沛琳
封面設計／林芷伊
出 版 者／世茂出版有限公司
地　　址／(231)新北市新店區民生路19號5樓
電　　話／(02)2218-3277
傳　　真／(02)2218-3239（訂書專線）、(02)2218-7539
劃撥帳號／19911841
戶　　名／世茂出版有限公司
世茂官網／www.coolbooks.com.tw
排版製版／辰皓國際出版製作有限公司
印　　刷／祥新印刷股份有限公司
初版一刷／2018年10月

I S B N／978-957-8799-45-5
定　　價／300元

Original Japanese language edition
Sakamoto Maki Sensei ga Oshieru Jinkochino ga Hobohobo Wakaru Hon
by Maki Sakamoto
Copyright © Maki Sakamoto 2017
Traditional Chinese translation rights in complex characters arranged with Ohmsha, Ltd.
through Japan UNI Agency, Inc., Tokyo